Pastora Design in China

田园设计在中国

主编 廖玮

辽宁科学技术出版社

目录

Pastora Design in China 田园设计在中国 —————————

Field, the Art of Survival
田，生存的艺术

俞孔坚

北京土人景观与建筑规划设计研究院创始人
北京大学教授、博士生导师

有学者把天然的山水、森林等称为第一自然；把农业的田野与果园称为第二自然；把园林称为第三自然，把后工业的、城市废弃地上的自然景观称为第四自然。始终让我梦萦魂绕，且无时无刻不在召唤、吸引着我的，当是田园——这第二自然。

我曾在阳春三月的暖风里，穿行于川西平原的油菜花田，一任嫩黄的菜花粉沾染黑裤与白衣；也曾于盛夏时节，钻入珠江三角洲的芭蕉林地，感受硕大蕉叶下的阴凉；仲秋时节，走在江南稻田的土埂上，小心躲过耷拉在田埂边沉甸甸的稻穗；初冬，我曾在中国最北端的黑土地上狂奔，跳过一行行整齐晾晒的稻谷垛，惊叹于那编织在田野上的美妙肌理，全然不是人们所想象的那样荒凉与萧瑟。田，是一种艺术，美妙无穷而富有意味。人们常惊叹于高山之峻峭雄奇，江河湖海之磅礴浩渺，向往深山之幽静，滨海沙滩之浪漫。然而，这些"第一自然"的美丽却常隐含凶险与杀机。人们也惊叹于帝王士大夫园林的亭廊之精巧，花木之奇异，空间之玄奥。然而，这第三自然的美丽却虚伪空洞，矫揉造作。城市与工业废弃地中产生的第四自然，虽真实，却往往欠缺美观，其形成与发展多机会成分而不稳定，也常常隐含恶意，如泛滥成灾的外来物种，荒芜蔓延，

有待人工设计和调理。

唯有这第二自然的田园，美且善，善且真，是一种生存的艺术。

田园之美，在于其尺度、空间、色彩、芬芳之精妙与和谐。作为一种魅力无穷的文化景观，田，承载了特定地域人们的生存与生活的历史，同时也为当代人应对生态环境和能源危机带来新希望。田，既是我们的记忆，也是我们的希望。

面对城市化、工业化背景下的生态与环境危机、资源与能源危机、文化身份危机和人地精神联系的破裂，田的艺术，为我们提供了新的生存机会与繁荣的希望。田的营造告诉我们如何用最少的投入获得最大的收益；田的形式、成长的过程，告诉我们美的尺度与韵律；田所反映的人地关系，告诉我们如何重建人与土地的精神联系，获得文化身份与认同。

多年来，我都在致力于田的研究，以及当代城市环境下的田园艺术，因为我知道，它比任何一种自然景观或人工景观都更丰富精妙，作为设计师，我们可以从中吸取无穷的营养，创造丰产、健康而且美丽的田园新景观。◥

Pastoral, Link of Nature and Life
田园，自然与生活的纽带

Fabrizio De Leva
法布里奥·德·莱瓦

FDL Architects 工作室（北京）创始人

田园，源于自然，代表自然，它是一种与自然融为一体的生活方式。然而，随着城市不断扩张，生活节奏愈加快速，因时间与空间的限制，生活与自然的鸿沟越来越深。现代社会，田园生活无法为人人所享，反而成了一种奢侈的表现，也成为定义奢侈的一个概念。

自然与生活的紧密联系，最能诠释田园风格的本质。作为设计师，我常常遇见一些客户，希望将美式田园风格——这种源自他国的风格原封不动地搬回家，这其中自然需要运用大量昂贵的进口材料。其实，这种做法反而违背了田园风格的本意。因为田园，最重要的诉求在于自然与生活之间的关系。因此，要实现真正意义上的田园风格，就应该尽可能选用当地的材料，以本土化的方式表现自然的田园。比如，在北京近郊的怀柔，实现一栋田园风格的别墅，就应该合理选择怀柔本地或附近的材料作为建筑和装饰材料，这样才更有原汁原味的自然感觉，更能够达到建筑本身与周围自然环境的和谐一致。

如今的装潢业是一个被品牌主导的市场。许多概念在被大众接受之前，就已经被市场的立场所限定，这也导致很多人对田园风格含义的误解。实际上，一种风格，并非完全通过建筑本身的形式，或者内部装饰材料的形式来表现与诠释。更重要的是，一种风格传达的是一类生活方式。这类生活方式，最终往往取决于个人的喜好、经验与感受。当生活中长期积累的收藏品、装饰品、纪念品……这些与生活息息相关的物品与空间形成联结，才能更好地表达一种风格与生活方式。由此看来，任何一种风格都与人性的本质，以及对待生活的态度密切相关。离开了生活，一切风格便丧失了基础。

也正是基于以上两点，田园风格，应是一种能直接反映人与自然、生活与自然关系的生活方式。毕竟，融于自然，融于生活的田园，才是真实的田园。

琚宾
HSD 深圳市水平线室内设计
有限公司首席创意执行总监

适合与适志 Suitable or Desirable

　　自然无形，与万事万物相通，建筑本身可以被忘却，室内可以被忽略，所记住的，只有那里的景致以及在整个景致中的感觉。因此，无需用"要素"体现自然风格，也无需刻意去追求"无为无不为"的境界。生活就是设计的积累，所以并不存在刻意，一切只是适合、适志。

　　小时候，印象很深的一件事，是家里给我攒了很多粮票，等我出去读书的时候，这些粮票却已经作废。可见，适合的时机、尺度与节奏何等重要。我常常往返于北京和深圳，在这两个地方起起落落，好像一个空中飞人，但因为节奏太快，总感觉不真实。因此，当我觉得呼吸一些更自由空气的时候，就会去和社会保持一定的适当距离。

　　同样是适志，不用在瓦尔登湖，也不必鸡犬声相闻不相往来，现在的设计生活，有翠竹几杆、勒杜鹃几株、好项目几个，有三五好友相谈投契、得好茶几杯……已经是一种理想的田园生活了。

　　设计也是如此。设计的田园，即是心中的田园。爱设计，也是爱生活本身。设计本身，照见了心中对外物本然的认知。

　　2001年，我从北京到深圳，那时侯想法很简单：到深圳挣钱，再出国读书。后来，我把挣的钱大部分都用于游走和学习，走了很多国家，也学到了很多。在生活中，我特别容易被感动。升国旗时，在山区看到孩子读书艰辛之时，看到我喜欢的建筑作品时，我都会感动，甚至会流泪。感动的力量很强大，把我整个都推到了设计上，想着一辈子就干这个了。今天，我依然在路上，懂得感恩让我活得很踏实。

　　我喜欢摄影，开始的时候背着个大相机，带上很多镜头，去个地儿就疯狂地拍，生怕自己漏掉一个场景。后来就拿个小相机，拍我想拍的，现在，相机虽然拿的少了，但哪怕只是看看，呼吸一下，依然觉得这是一个能量不断积累，感悟不断加深的过程。

　　唯有感悟在心中积累，当我们回到空间中，才能由内而外、由表达及里地做出最真诚的设计。设计师营造的空间，并非由具体外部条件所区分，更多的差异，在于空间中的所得所感。立场与角度的不同，本身就注定了体验性的不同。因此，不管更多关注当代，还是传统，商业还是学术，我都希望取其中的平衡，我不惧站在商业和学术的边缘思考，哪怕成为一个边缘人，只要设计最初的那点梦想，依然在心中像航行中的灯塔，看见它，就要往那走。

齐云
台湾齐云生活美学馆创意总监

顺应四季 因循自然
Followed by Seasons
Led by Nature

一直以来身处都会丛林，心中总会不时浮现年少时期的乡间景象：天将鱼肚白、鸡鸣声起，伴随灶间生火、炊烟袅袅，当室内温暖的明灯亮色与黎明大色无缝衔接之时，也正是舒缓拉开一天的序幕。同样的景象也开启在清风徐来的午后，农忙暂歇的篱东树下……田园乡间让大自然、生活空间与人和谐地融合在一起，随处可见人们顺应自然的生活痕迹。

从农耕历史演进的过程，即可整理出我们祖先顺应自然、贴近自然、合于自然的生活方式。正如中国节气所对应的生活之道代代相传，"二十四节气"被融入古诗的韵律："春雨惊春清谷天，夏满芒夏暑相连，秋处露秋寒霜降，冬雪雪冬小大寒"。人若离开了自然，就好像窝居在水泥丛林的火柴盒中，无法由人体感知环境气候的微妙变化，自然少了很多生活的乐趣，而任由电视、网络、手机主宰美好的日子。

在清代文人中，张潮堪称生活感受的大师，细细品味《幽梦影》书中的字句，处处体现出生活观察与领悟的绝妙，《论何者为宜》篇章中论及：

赏花宜对佳人，醉月宜对韵人，映雪宜对高人。
艺花可以邀蝶，垒石可以邀云，栽松可以邀风，贮水可以邀萍，筑台可以邀月，种蕉可以邀雨，植柳可以邀蝉。
楼上看山，城头看雪，灯前看月，舟中看霞，月下看美人，另是一番情境。

由张潮的叙述，更反观出如今一些空间设计存在的同质化问题，比如仅仅在家具颜色、质地、尺寸上区别，而无法对使用者生活习惯与性格特质更多着墨。设计者本身似乎忘了原本生活的初衷所致，所谓日出而作、日落而息，家的功能不就是我们因循自然的一个歇脚处？

师法自然，居家的田园风设计其实就不难完成。只要亲身体验自然，谦卑地学习自然，很快就会发现为什么桂花树必须栽植在秋天的上风处；为什么细叶绿植不适合安排在沟渠墙边；为什么尖细条状叶类的绿植不适合安放于室内空间；客厅的窗户开设为什么与主墙的方位有关连等等。这些细节都牵涉到不同季节中日照、空气、风向……而这些因素也都与人的视觉、嗅觉感受密切相关。

跟着"节气"吃着当令食材，撷取应景的色彩、对照装饰居家，你就不会在芒种夏至之时，还替家装覆上热情的火红，或是厚重不透光的质地。这时，客厅的茶几摆上一白水钵，放上线条淡雅的荷花，顿时暑气全消，室内居室的角落也可大胆采用大型枝梗绿化点缀；秋冬属于丰收盈满、养精蓄锐时节，这时可以将暖色墙漆漆上，将简洁纱帘换成厚重不透的折边布帘，多一点装置细节、加上一些杂粮般的质朴感，在原本光亮的桌面铺上一席最爱的布料皮草，点上带有柑桔或檀木香味的天然蜡烛，谁说得坐拥百亩的园林方能享乐田园气息？

贾倍思
香港大学建筑系副教授

田园，重构的聚落
Pastoral, Reconstructed Habitation

　　传统的中国乡村与城市经济和文明并无多大差距，以皖南为例，明清时期的徽商会把其在城市赚的钱投资在家乡，用来优化环境和教育。这种城乡一体的社会结构是古代中华文明的基石。而当前的中国，传统田园乡镇的理想模式却面临极大考验：经济落后、环境破坏、文化衰落、人口老化、土地荒废，乡村的边缘化和空心化是现代工业社会追求单一短视效益的结果。

　　城市地理学的奠基人之一沃尔特·克里斯塔勒，基于独创的"中心地原理"，把人类经济活动归结为一个个带有六边形结构聚落单元，"中心地"位于六边形的中央，与次级聚落及六边形的节点保持一定的距离。这是一种在交通和经济上的最佳结构，相反，历史上延续下来的行政边界倒是会在不同程度上妨碍这种经济地理结构。也由此可见，要实现如今意义上的乡村田园梦，首先必须着眼于经济行为与聚落空间的重新组合。

　　在克里斯塔勒看来，不管人类经济活动的地理单元小到何种程度，它始终处于不均衡状态，在空间分布上永远存在中心地和外围区的差异。我们要做的，是正视差异的存在并促成合理的差异，而无需消灭这种地域差别。与其构想一个不可能存在的田园乡村梦，不如承认并正视田园与城市的差异。只有利用这种地域和文化的差异性，我们才能在现有环境的基础上，平衡继承与建设、保护与开发的关系。

　　在设计与规划上，一个理想的乡村田园，必定整合了原生态村庄的自然形态。自然村落所形成的网络相对独立，并与特色农林业结合，在整体上形成互补共生。通过小尺度的整合，将传统仪式性的公共领域与日常性的公共生活相互交融、各安其所。以传统住宅街区为单元，营造出码头、栈道、公园湿地、绿道驿站等充满活力的城市景观，以此来承载更多样的户外生活。

　　无论是保护生态物种的丰富多样，还是挖掘新的当地特色农产品；无论是设立农业自然保护区，还是保护建筑和文化地标……当优美的环境和升级的服务作用于乡村生活质量的提高上时，必将吸引越来越多的城市居民留在乡村居住、生活、工作和养老，真正回归田园与自然。🔲

邱晓雨
中国国际广播电台主持人/《环球资讯》主播

意象田园 Imaginary Pastoral

田园是一种意象。

如果说每一种设计的理念，都是为了释放我们内心的需求，那么今天的人，活在中国，对田园的意象，究竟是为了满足什么呢？

陶渊明说："结庐在人境，耳无车马喧。"其实只要有人的地方，大多是喧闹的。正因为有这样的喧闹，我们才向往田园。田园有着扑面而来的小清新，和它相对的词汇是重口味。

文艺青年当记得一本书：《生命中不能承受之轻》。这书里说，女人习惯了承受男人的重量，没有的时候，内心反而空旷起来。今天的人，不管对于工作还是生活，都习惯了重重的绳索感。我们在一个发展中国家活着，无疑，大部分无法拼爹的人都和自己的国家一样，用一种类似纤夫的姿态，身体向前，很奋力地走动。

我们想要轻松一点，但又卸不下来。

《生命中不能承受之轻》，米兰昆德拉所写，中国的译者里，有一位是作家韩少功。他是知青，在农村呆过，记住，那个概念叫做农村，不是田园。韩少功小说中，有湖南农村的饥饿，蛮荒甚至械斗致死的残酷。我问他，为什么他现在推荐大家读他的散文《山南水北》，而不是这些小说？他说，那些小说太毒了，不适合这个时代。这个时代，大家压力太大，山南水北地看看，心里好歹舒服一些。由此可见，"田园"是都市人的词汇，用来形容一个痛恨钢筋水泥的人，逃跑到山水中的快感。

但不是谁都可以扎进田园不回头的。或者这么说，喜欢享受田园风光的城里人，其实没有条件一辈子赖在田园不走。我去英国采访的时候，住在伦敦郊区，那里草长莺飞，很有田园的味道。那是个庄园，恐怕除了贵族，很少有人能这么一直"田园"着，不回到城里挣钱养家。

大部分的我们，不管开车还是地铁，其实一天到晚都和田园挨不着边。而旅行，也无法解决"生活在别处"的终极问题。因为即便旅行能够洗净绷紧的神经上日积月累的斑驳，你也终究会回家，而家在城里。

正因如此，田园元素的一切，就到家了。为的是喝茶的时候，看见碎花窗帘后面的白底蕾丝纱幔，透出一点点纯真质朴的味道。家里没有女佣是吧，自己就是，牛奶倒进小锅子里，把红茶煮沸了四分钟，就会飘出闲适的香气。自己伺候好自己，在午后，在清晨，在每一个喧嚣的都市里，我们企图让心娴静下来的时候，就这样营造一缕缕田园的意象吧。

竹林七贤也不过如此。不过人家服用的"五石散"口味实在太重，此处不推荐尝试。田园倒是值得被推荐的，假如你有累了的时候。反正我累了的时候，不想走到没有情趣的地方，觉得无聊；也不想看见太过奢华的装饰，觉得聒噪。来一点田园正好，仿佛是《小王子》里风吹过的金色麦浪，可以扑刷刷地在我们的心上拂来拂去，又像是阳光打在通透的大叶子上，温柔地闪着光。

陶渊明还写过：问君何能尔，心远地自偏。

田园，真是让人身未动，心已远的所在。

陈 勇
旅行作家

田园 Pastoral

山峰对大海说——
用我的身体将你包裹，可孕育新生；
那生命必是好的，远胜这原始的结合。

大海仰望天空，喃喃自语：
你可曾记得那遥远的约定——
将你我融合在一起的终极信仰？

清风拂过嶙峋的面，
那山间即闻声响；
海水注入刚健的体，
大地便生出了第一粒种子。

岩石化作泥土，
海浪蒸腾云霞，
雾气随风飘荡，
凝成雨，
那种子既得安乐。

亿万年后
……

心爱的女孩儿问我：
你的心可曾发出声音？
我摇摇头，痴痴傻傻。
她又问：
那你因何知道"你爱我"？
我傻傻痴痴，苦求解脱……

我听见上帝说——
你选的门是宽的；
又听见佛祖说——
你的心是满的。

我挣扎，我流浪
……

不知何时何地，
混沌的心寂静开朗。

我回头望，
笑颜犹在，
田园里开满了鲜花，
无尽芬芳。

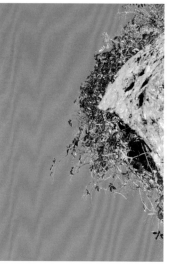

向内行走 找寻心的绿意
Discover Inner Green

刘 莹
资深家居媒体人

作为一个都市人，每天无时无刻不被工业化的产物所包围，并且被追赶得仿佛越来越急，生活中的种种压力，让人们比任何时候都更加向往精神的舒缓与释放，平静祥和的生存空间成为当下人们最为奢侈的追求与渴望，"田园生活"已不再是简简单单的"采菊东篱下"的生活方式，而是理想生活的代名词。

田园生活总是伴随着自然而生，是人与自然的爱与被爱。身心的自然回归，可以让人们在紧张的生活节奏中寻找到心灵栖息的一片净地，透过草木的呼吸，触及天然材质的舒适，尽可能地在生活中保持本真的形态与触觉，都可以让人们静静地感受到生活本来该有的样貌。

田园生活更是有机生活，是琐碎平常的日子里绿意生机。不再沉溺于微信、微博的"微瘾"，离开网络的各种八卦新闻，在阳台种上花花草草，间或辟出一个小小的"农场"，用一杯自己种植的薄荷叶泡杯热菜，开启一天的美好。音乐中，用碎花布拼拼缝缝，无论是靠包，还是飘窗垫都缀着自己的娴静心情。田园生活让人沉静下来，了解另一个自我。

田园生活是虚妄张扬的对立面，它温柔地抵抗着极致的华丽，拥有着真正淡泊的力量。它静默地抗拒着极尽的雕琢，展现出洗尽铅华的美丽。去伪存真的状态，可以让人尽释生活在当下的种种伪装，保持对周围人、物、境的细腻与尊重。

"田园"到底在哪里？

当"田园"二字出现的时候，明亮与花香似乎瞬间而至，但回归生活，困惑和无奈的情绪似乎更大于我们对田园生活的想象，生活在城市里的我们能拥有田园生活吗？在这里，设计师们会告诉我们如何去寻找。并且，有非常易行的打造田园生活的操作方法，让我们虽居都市一隅，却也可抵心灵的安稳柔和。

在最终，我们会读懂，无论借助任何的外物，田园生活的根本都是一个引领我们"向内行走"的过程，归至简单、归至安享、归至自我与自然的对话。在于自然的一期一会中，了悟生活的意义和我们行走的轨迹。

"田园"到底是什么？

在这里寻找答案。我们集结了众多国内外优秀的设计师，请听他们为我们解读。仅仅"田园"两字就闪烁出那么多灵性的火花，让我们看到设计师们头脑的智慧与内心的丰富。捧读时，何尝不是一种静美生活的享受？

Garden of Dream, Music of Nature

故梦雅园 自然阙歌

陈耀光

杭州典尚建筑装饰设计有限公司创意总监

古朴神秘的院落、野趣横生的小岛，这两者看似无关，却因主人对自然深刻的理解，对生活满满的诗意，和对精神至高的追求，让旁人看到的物化空间成为拥有自己生命节律的灵性之地，无论南宋古院，还是"芳香谷"都达成了对万物成长的共享，也成为主人——陈耀光思想的归隐之所。

千岛湖"芳香谷"这个被称之为以"放养"的方式达成的作品，是陈耀光请当地的泥瓦匠、木工等传承下来的工艺修缮、搭建完成。"我希望做出当地民居的风格，当地的农民他们怎么生活，他们会有怎么样的生活习惯，是怎么考虑材料的组合、防水、保温、牢固、舒适性等等。"由此可鉴，岛居生活，体现的更是一种大自在的自然生活观。

而坐落于凤凰山脚路南宋遗址旁的大院则是陈耀光生活兼工作的处所。他形容它们都是一个生命体，无需刻意地规划它的"生长"过程。他希望房子与自然环境一起成长，渐渐地它们自然会泛出"包浆"的质感，这需要时光的打磨，亦需要人的内心笃定，这样的环境才尤显生命力。

清晨，人在鸟鸣犬吠中醒来。让陈耀光想起自己小时候踏过江南的小石桥清脆声音、还有打铁的声音、养鸽人唤着鸽子的声音，这一切都简单、熟悉而让人满足。就连树下的落叶他也会有心地保留，脚踩在上面的"窸窣"声带给身心的惬意是难以享受到的。不仅仅是乡趣，这散漫、肆意生长的江南露天院落里，有数棵树龄过了50年的桂花树，还

有高达三十多米的百年古樟，与陈耀光多年的收藏一起，共沐时光的清涤。

就是在这个院落里，陈耀光与陈林、金捷三位设计师合作办了一次题为"木竹东西"的私藏展，他们深信：

"木竹是有生命和年龄的
我们深信这一点
当它从大地中被连根拔起的那刻
就以结束一段生命为代价开始了另一段生命……"

他们只想用这样的一期一会，借助器物和仪式让人读懂杭州人，领略真正活在南宋遗风生活轨迹上的当代标本。

典尚陈予二期居院

厨房、食堂以及遮阳伞，在茂密的高树荫下，懒洋洋地躺在午后的阳光下，很安详

　　收藏是陈耀光生活中不可或缺的部分，他对收藏的器物有两个要求：要美，第一时间能打动他的美；要有故事，最好是凝结着大量的时间和非凡的智慧。他的院落里既有四川搬运回的桥栏，安徽收来的石塔边阶，"喜欢它那民间的朴素，不精雕细刻，又别致有趣"，又有日本古代铁茶壶，还有出自法国艺术家之手内镀24K金的金钵，只要有一点点光线，里面就好像盛满了阳光一样，纯手工锻造的痕迹很明显，边上还有他们家族的图徽。他形容收藏的乐趣即在于"赏析超越物质形态以外的精彩和稀有，感叹精工细作的讲究与从容。"

　　"与大自然保持亲近简直是奢侈。"静坐林间，他"会想到自己的灵魂要听些什么东西"，雪茄令空气中弥散着微醺的味道，有风吹，银丝拂过他的面颊，此时天、地、人构成了一幅奇妙和谐的景图。树木繁茂，静水深流，无语亦默默的境界，是同岁月的交流。

　　"岛、山和田园其实是和都市的一种距离，我觉得人能在那里找到归宿感，这是一种心理上的距离感。此外，实现梦的地方往往是在一个边缘地带，而不是核心区域，因此过着的是和都市背道而驰的生活。""设计的最高状态是看不出做作痕迹的，就像岁月一样，是自然流淌出来的"。生活从来都无法被设计的，追求快乐真实的人生，关乎本性，在乎天性。

放养的千岛湖

田园是都市人的奢侈，千岛湖畔的"芳香谷"，"岛主——陈耀光"只想做一个生长于天地间的自然人，用最朴实的方式回归自然，人天生就有与自然交流的愿望，感受鲜明的四季变更，体会水波粼粼的那份宁静，还有最自然的风轻抚吹过。

在一个山清水秀的地方有一个岛在等待着自己，这样的感觉很美妙，很安静，很空旷，没有任何一种平时经验中所熟悉的影像，没有商业符号，没有商务活动，没有电话，没有汽车，没有汽车的牌照，没有玻璃幕墙、街道，没有游客。

1 自然环境对于设计师而言有多重要？

设计本身应该关注的是人的生活，走出城市，感悟自然，了解生命。人在休息放松时思想才最真实，也会迸发最自然的设计想法。每个人都有自己的精神和追求，越来越多的人会选择归田园居。对解脱的欲望，回归自然对绿色环境的留恋，都是人的本能。西湖边，万松岭，馒头山下，凤凰山脚路，听听这一串名字就会产生画面联想，这也是我们的独居性，独创性和价值取向。

2 请例举一下您认为具有自然意象的空间陈设装置。

有一件用千岛湖拾回的干枯多年的树根做的名为"峥嵘岁月"的装置，没有人为加工，只是放置在一个三脚架上，就呈现出我内心感受到的状态——任何人造的物器都没有自然界的痕迹更具有生命力、神秘感和想象空间。尤其当灯光洒向树根时产生的阴影更有东方和宇宙气质的暗示。这样的装置不是以价值衡量的，但它却是永恒的。

除了根雕之外，还有灯笼和石兽。这几年收来的许多石雕石兽，最初的目的就是为了陪陪那孤独自傲几十年的老樟树，让日子热闹一点。

3 您心目中设计的根本要义是什么？

设计根本是发自内心的对环境的关注。亲近自然，并保持敬畏是设计师解读生活与心灵空间的必经之路。

将适合的东西放在对的地方，是设计的基础哲学，也是最高境界。做设计的乐趣在于没有成就感也有愉悦感，少一点教条多一些幽默，不一定对称庄严，可以模糊松弛些，自然得体让简单的快乐走进我们的空间和生活。

典尚食堂签名墙

食堂包厢，泥墙木梁顶、水晶吊灯，农舍般的空间充斥着异国古典奢华的反差，在这个"食堂"里已收藏了数不清的友情。

典尚院子 三期大厅

私人 Artdeco 收藏馆

典尚院子 三期阁楼

欧洲古董器物收藏展示

典尚院子 三期阁楼

私人欧洲家具收藏馆

典尚院子 二期后院

巴厘岛艺术开放式展馆

典尚院子 二期后院京砖装置墙

"木竹东西"杭州设计师私人收藏展

　　"朋友相聚．收藏友情"在这个生态自然的院落里将成为今夜必然的主题，是活在南宋遗风生活轨迹的当代标本。这是一次收藏与设计的狂欢之夜，更是热爱生活、喜爱艺术、珍惜友情、欣赏收藏的百位朋友们的狂欢，每个人都讲述器物与友情的故事，构成杭州院落田园的生活图画。

　　京砖装置墙体砖有明万历和清康熙年间烧制的（侧面有烧制的刻章），洞穴间穿越的猫是领养的，它可以这样重复几十次地玩上半天也不觉得疲乏。光影与石雕、京砖与小猫，还有笼中之鸟，动和静、内和外，所有一切全部都在共享午后一片小院阳光。

典尚院子 三期后院

安徽古镇的石雕门框，从泥墙中剥离出来，
悬立在后院食堂的白墙旁，很稳，很空灵

4 您在设计之余如何享受生活的？那些爱好给您的设计带来怎样的触动和灵感？

我的喜好和享受与大家的追求没什么两样。去年游了六个国家，今年刚从澳大利亚的海边回来，相机中记录更多的是别人在怎样的环境中生活。这些游历体验和感受让我明白和懂得设计应该更好地为环境中的人服务，为舒适人性服务。

作为设计师，有时那种感觉是隐约的、朦胧的、分散的，甚至零碎的。但一个细节，一段声音，一组投影，都能成为对创作感觉的一种启发。

5 聊聊您理解的东方禅意概念。

我们会更关心传统、文化、风格、主义，对今后人类的生活空间质量会有什么推动，对精神享受有何本质上的提升。尽管一个符号能够证明历史的深厚，但一种全新的健康生活方式是一个传统标签概括不了的。

我眼中的东方风格是传神、写意、闲静而诗情画意，决不是符号的嘈杂和图注式的象征性，更不是文物式拷贝和复古的中国传统"蜡像馆"。环境包容着我们，我们包容着环境。让争强好胜的使命感在环境中柔化，大家可以慢慢享受工作的同时又充分享受环境的恩宠。

Where There Is Interaction, There Is Nature

互动中才有自然

何宗宪

香港何宗宪设计有限公司董事

　　"三心二意"，代表了何宗宪对田园生活的理解：舒心（舒服）、安心（踏实）、放心（松懈），诗意（有幻想）、写意（享受的状态）。好的设计可以让人们回到自然的状态，由内而外地感到幸福。走到家门口，一个美轮美奂、被空调包裹的公寓楼大堂不如一个半开放的空间来得舒服，有微风吹、细雨淋，可以闻到室外的泥土味，在南方温暖的气候里，连被装点在信箱上的植物都长得郁郁葱葱，内与外成了无界限的大花园，在此稍作停留，遇到邻居，打声招呼、聊聊天气。

　　设计看似是设计室内可见、可摸到的东西，但它可以是一扇窗，配合着自然，有着四季流动的风景；或者在光线好的地方设一个读书位，在自然光线下读书和旁边摆着艺术品的感受全然不同；或者一段楼梯，大小不一的石板叠置得如同云层，让人的心境随着脚步节奏缓慢下来；再或者在客厅里铺一大块草坪状的地毯，前面是落地窗，后面是通透的栅格墙，半封顶，给人在树下乘凉的感觉。有时坐在窗前，看着外面的树很美，把树影"剪"下来变成地毯、或者石纹、挂画、床栏、窗栏……内外对照起来很有趣。所以，田园设计不是关乎手法、元素，而是有自然、有营造。

　　设计做久了容易被设计控制，设计师常常这样感叹。要跳出设计，去思索设计所追求的状态而不是它本身，因为田园设计不是田园生活。有时绿植也被视作设计元素，或是环保的炫词。其实，与其直接绿化，不如配合自然光线，带有感觉地装饰环境。在客厅里开辟一个"微型花园"或是在院子里种点蔬菜，每天照料它们，看着它们成长，制造亲近自然的机会，在点滴中感受自然的魅力。产生互动，设计才有意义。

　　在设计中呈现朴素的生活，何宗宪认为越是低调的才越接近田园感。比如把主人房的视线放低一点，床铺更接近地面，更靠近自然。让一切看似简单，又不那么简单，简单中带有复杂，像发生了化学反应一样，让人回味不尽。

1 您的灵感一般来自何处？

抽象的灵感更像是一种积累，而不是四处搜寻，需要搜集的只是一些技术资料。当人处于压力下，凭着过去的体验，或者第六感，灵感自己会闪现。

2 最令您心动的地方是哪里？

令我心动的空间是自己的家和我的书店。自己动手设计的家如同自己的孩子，有很多投入。书店是小时的梦想，长大后发现自己没有放弃当年的梦想，看着满墙的书感到很骄傲。虽然很多地方、空间很美，但是经历很短暂，和自己没有太多的相关性。

3 您有什么人生理想吗？

人在不同阶段会追求不同东西。开始做设计的时候，追求的是设计本身，慢慢地发现设计可以改变自己和客户的生活。从只是关注空间到发现、关注更多生活的细节，开始学习生活，不断丰富生活体验，这反过来又会推动设计。这样，工作不是一个短暂的追求，而是充分享受工作和生活，即使有不顺利的时候也可以积极面对。

4 您自己的家是什么风格？

家要有自己的味道，风格不是重点。家应该根据主人的生活习惯、生活方式勾画出轮廓，和本人很像，并体现出某种对生活的憧憬。

Understand Nature with a Modern Mind

以现代之心阐释自然

龙慧祺

罗灵杰

香港壹正企划有限公司创始人

　　自然风格可以用"自然"去表现，也可以用人工去表现，但更多的是一种组合，说到底，用"自然"去表现自然不也是人工表现的自然吗？

　　罗灵杰和龙慧祺是一对勤勉的设计师，注重细节，喜欢北欧风格，那些手工的原木家具既人性化又有现代元素，是他们钟情的自然，在他们自己的作品中也处处展现自然的"现代之心"。在重庆复地上城的设计项目中，空间尽现粗犷。餐椅用原木切割而成，不规整的餐桌用石头切割而成，桌脚长短不一，如野生植物一般，灰墙则利用"洞石"，使室内融入室外景观。另外，设计师还利用现代手段造景。餐厅墙上起伏的装饰条浑然天成，餐桌上来自意大利的云状灯亮起时，"云"会缓缓"蠕动"，客厅里铺着呈鹅卵石状的

灰色地毯和如草坪的绿地毯，主人房墙上的布褶层层叠叠，每一片都不同，让人感觉舒服，儿童房的墙面是鹅卵石图案……云、石、草、木充斥于空间，天然材料配合现代工艺，营造出整体的自然感。

　　在另一个项目中，两位设计师根据地形特点做了一系列大胆而独到的室内设计。重庆山与城位于风景秀丽的南山区，设计的灵感以山岳幽谷为题，使室内一如南山地形。空间各处墙壁布满深深浅浅的灰色三角及斜线列阵，地面石材沿用墙壁的图案，不同石材排列成不同角度，组成大量不规则的三角形，两者极富动感和力量感，体现了山城大地活跃而秀丽的景象，让人有被群山环抱之感。此外，大堂中央排列着棕色不锈钢制的多边形柜台，形态各异，却整齐有序，设计师将它们视为"嶙

峋怪石"，醒目的柜台在灰色主题环境中又起到点睛之效。

　　由于建筑物天花高悬，宽裕的垂直空间使设计师得以用一串串 LED 吊灯来表现雨丝婆娑的诗意。"雨丝灯"的轻柔之感不但缓和了室内以几何造型模拟的群山的刚硬，也缓冲了人们的视线。当人仰望天顶，程序控制下的闪烁的灯丝如流星雨，让人恍若游弋于星汉之间，心灵被涤荡一清。

　　虽然罗灵杰和龙慧祺平时工作繁忙，但他们也很会享受生活。龙慧祺喜欢烹饪，时常做一些简单的菜式让自己开心。旅行中，两人会寻找当地有设计感的事物欣赏，在他们的家后面有一片美丽的山景，大片的草原上矗立着几棵松树，旺中带静。

1 **您最喜欢的一本图书是？**

《艺伎回忆录》，它让我了解了当时的人是怎样生活的。

2 **您觉得灵感是可遇不可求的吗？**

灵感到处都有，因为到处都有有趣的事物。比如看到新款服装，就会想它的做法能否移植到室内设计上；再比方说碰到一道中西合璧的菜肴，就会想有没有办法把它的新理念推向更高的层次。

3 **您最难忘的一次经历是什么？**

我们第一次参加外国的比赛并第一次去美国领奖。那时，阔别在美读书已十余载，重返美国特别感慨，颁奖地在古根海姆博物馆，是念书时常在书本看到的作品。当时到了现场并没有奢望，直到宣读获奖者那一刻，听到自己公司的名字，我们兴奋得叫出来！◢

自然风格有关的室内设计作品：重庆山与城销售中心

从重庆市中心向南隔长江相望，是有名的南山风景区。此处群峦迭翠，与大江一起环绕山城。重庆山与城销售中心恰好位于山河庇荫的南山区，秀丽景色理固而然成了设计的灵感来源。

一如南山地形，销售中心的室内空间亦以山岳幽谷构成。各处墙壁房间以布满深浅灰色的三角及倾斜的线列组成，建造出一幅充满力量及动感的山势地形图。不论室内室外，访客皆被众山环抱。然而站在作为山谷的地坪之上，脚下也能感受南山数十山峰活泼的力量。石材地坪饰面也沿用了墙壁间隔的图案式样，以不同角度作排列的不同石材组成大量不规则的三角形组合。两者共同示现了山城大地活跃而秀丽的景象。

此外，排列于大堂中央的棕色不锈钢制多边形造型柜台，型态各异，却整齐有致。可将它们视之为嶙峋怪石，也可当作生于南山大地的人文精神之结晶。同时，醒目的柜台也在灰色为主的室内环境中产生了点睛之效。

游人一路走到"山中"，到了"峭壁"之下，便可直达"山洞"，这也是通往另一楼层的楼梯通道。为了让游人不被曲折的山洞石壁所吸引迷惑，长长的条状灯光贯通整条楼梯。使人安心及消除阴暗中的沉闷感之余，也将几何风格串联至室内其他角落。

多亏建筑物内倘高的天花提供了垂直空间，西南地区雨丝婆娑的诗意风景得以利用一串串 LED 吊灯表现出来。灯雨又带来轻软柔和之感，不但缓和了室内群山的刚强坚实，也为人们的视线作了缓冲。再细细往天上看，随程序闪烁的吊灯一如星雨下凡，一时间游人恰似随串串星雨漫游于星汉之间，心里也仿如被洗涤般放松。天与地、山与谷，最终描画出山城重庆那充满灵气和生命力的秀美景色。

With Your Inner Naivety, Comes the Breeze of Nature

内心本真　清风自来

赖亚楠

DOMO nature 品牌创始人

如今的我们似乎已经越来越依赖外化的东西来告诉我们什么是好坏，什么是对错，什么是美丑。包括田园，自然所赐的礼物，也被打包给我们，告诉我们这样那样就是田园。而亚楠说"真正的田园生活就是一种回归，真实且自由。不被一些外在的东西所负累，能够很自由从容的安排自己的生活和作息。"如此简单，却让越来越多的"身不由己"一词所代替，田园生活成了现代人的奢侈品。

嘻笑地说人生理想就是吃喝玩乐的亚楠，是一个愿意让内心保持感动，放大生活中美好一面的人。不会用外在的一个形式制约自己，

而让内在的自己在拔河。不会因别人的评价和看法，主导自己的生活。这样的设计师所拥有的不仅仅是一种通透，一种定力，更是具有对设计本身能够倾尽责任，通晓要义的心智。

"设计不是某一部分人存在的，不要走入小众的误区，不要两极化，其实设计就是为生活而存在的，不是装模作样，装腔作势的事情。需要时间，需要沉积，需要不断地颠覆。"如果设计来自生活又服务于生活，必是让人感觉舒服的，也是最自然的表达。

要让自己保持良好的设计状态有很多方法，一个是时刻让自己保持思辨的状态，保持

丰沛的求知欲和好奇心，是亚楠一直保持设计活力的动力源之一。另一个则是，一定要到大山大川里去感受天地的精华，如同给自己的内心排毒一样，清空，再吸纳，让自己看问题的方式更为宏观。而这也是取自天然，用于自然。

田园，概括的不是简单的风光，诠释的也不是惬意的生活。而是一种真正的美好愿景，恰如，心生美好，自有清风朗月；心生厌恶，遍布污秽荆棘。因此，保持内心的善念和从容，享受当下才是我们应该学会的最为重要的一课。

1 您心目中理想的田园生活是怎样的?

田园生活不是通常意义上单纯对环境的要求,例如用绿植营造出的环境,或者说是用天然环保材料打造出的空间。

自然生活,首先是从心态、生活方式、价值观上考量是不是自然的、回归的、天然而不造作,没有任何的附加因素。只有当你拥有这样的心境,才能真正拥有自然生活,这是由心而发的,不是依靠外化的东西装饰出来的。

2 您曾经做过的设计中有涉及田园部分的内容吗? 您是怎么处理的?

如果有跟阳光空气直接接触的空间部分,我首先一定是要放大这种优势,保存现有的环境为主,不会说做个隔断将自然部分隔离出去,把好好的一个天然环境围合到室内来。

3 您喜欢自然风格的家居设计吗? 您觉得什么样的材料 / 要素最能体现自然风格的精髓?

我当然喜欢。我们品牌就有一个核心关键词,就是"nature"——自然。

我理解的自然,材料首先是本色的,没有经过过多人工合成的加工处理,这同时也是我们自己选材的一个标准原则。自然本色是能与人产生强烈共鸣的非常重要的前提。

自然那么博大,没办法说"最能体现"这样一个概念。有可能你在垃圾堆里捡的一块废角铁,或者你在海滩上捡到的一块被海水冲刷了很长时间的烂木头,都可能成为一个很好的设计原材,只是这样的原材要尽可能地保证它本色的部分,但如果需要人工进行深化,进行提升的部分还是必须采用的,切记人工掩饰的痕迹过多。

4 当您需要激发设计灵感时,您通常都会去哪里找?

灵感,无处不在,比如说看书的某一段,看电影的某一个场景,瞬间的一个小念头,甚至可能一个梦境,都可能有灵感涌现。

灵感每天无时无刻、无处不在地都在包裹着你,但是要看自己有没有这个敏感度,身上有没有接收这个信息的细胞源,最好的获得灵感的方式就是——生活。灵感的资源太丰富了,就是看你善不善于去捕捉,不同的心性和敏感度感受到的也是不同的。

Aroma of Green Is Everywhere

处处芳草馨

李奇恩（Henry）

香港尚策设计顾问有限公司 创始人

手捧一杯热咖啡，眼前一盆静放的天堂鸟花草，墙面上米勒的作品《拾穗者》仿若散发着秋天的气息，这样一个场景，随意自然。在李奇恩的心中田园生活就是这样，俯首可拾。

对于理想的田园生活，陈奇恩从三个方面来解读"大自然的豁达、壁炉旁的温暖、回家路上的期待。"

"如今的我们，无论工作还是生活，都被包围在高楼大厦里，所以我们总是尽力去营造自然轻松的氛围，但难度很大。要想拥有田园的感觉，不能单纯地依靠外物，而应该来自直抵内心的豁达，属于大自然的胸怀。"李奇恩认为，田园生活来自欧美国家，中国传统上说的田园是存在于园林中，并没有真正意义上的田园生活。

在欧洲，工作和居住相距 30 公里到 100 公里的人们并不在少数，近一个半小时的车程可尽享一路的风光，田园生活和大自然就是咫尺之间，从根本上就已契合。而居家生活中的壁炉文化则能领略到来自内心的自在与温馨，家人围绕着石头砌成的壁炉前喝着茶、聊着天、看着书，温暖无比，亦可窥见家人之间的紧密关系。砌壁炉的石头也是大自然的馈赠，生活中运用设计，而设计来源于生活。

我们每天回家的途中，内心充满着对家的期待，想象着每个人做着什么事。柔和的灯光，还有厨房飘出的香味，这些都是真正的生活。田园生活并不是一定要拥有"采菊东篱下"的意境，对照现代人的生活，能够放松闲适地待在家里，没有商务应酬和紧张的感受，没有疲劳的感觉就已经是享受了。李奇恩喜欢在春暖花开，或初秋的暖阳中，与家人在花园里说说笑笑。这样的生活简单而从容，也正是田园生活的本质。

平日里，李奇恩爱看电影，喜欢的电影更是会看很多遍，唯一不看的是恐怖电影，他说："人生已经经历很多，不需要再受刺激。"对于电影他也不是泛泛地一看，还会去读电影原剧本，看对白，琢磨现场的布景和音乐，为什么这样演绎？导演想要表达是什么？为什么用这样的角度去阐述……这些都和做设计有相似之处。

李奇恩很强调设计师一定要有爱好，"做一名好设计师，除了天赋之外，更要懂得去体会不同的生活并感受人生。好的设计不是在办公室坐着就能获得的，要去世界各地看各种好的东西和事物。如果生活乏味，那设计也是枯燥的。所以生活方式和设计不可或缺，业余生活决定着设计品质和生命质量。"

品读美好的视角、自由的心态与宽广的胸襟，李奇恩用自己的言行诠释着田园生活其实来自于内心的悠然，不是重金造园，更非为一枝一木而上演像行为艺术般的仪式，自自然然，就是这么简单。

 您喜欢混搭的田园风格吗？
　　田园风格可以有不同的演绎，比如欧式田园风格包括意大利的、法国的、地中海的。如果空间主题是地中海式的，田园味道要纯粹才好。我认为家居设计要做到纯粹，味道正宗、浓郁才有感染力。

什么地方会让您灵感勃发？
　　在咖啡馆，尤其是露天的，在巴黎户外的咖啡馆尤其多，沐浴在在阳光里和欧式建筑斑驳的墙影下，闲适地喝喝咖啡，换换心情；有时间就在沙滩上小憩也不错。

您在家里如何享受田园生活？
　　一杯热咖啡，一盆天堂鸟花草，欣赏着米勒的《拾穗者》（1857年），享受惬意、闲适的生活。■

With Nature,
With Purity in Mind

自然之道 与光同尘

张蕾　康立军
自由设计师

　　"'田'字看上去就像分隔好的土地，阡陌纵横，是被耕种过的样子。'园'字内含中国人说的一元复始的意思，既本初，像是土地未经耕耘的原貌。这两个字的组合，其实就是在表达，田园生活就是人和自然和平共处的一种良性状态。"康立军对于"田园"二字的解读给予我们一个新的视角。

　　从康立军和张蕾的人生理想即可见其对于自然的热望，他们希望与生之年在一个山明水秀的地方，拥有一个从里到外都是自己设计的工作室，可以像一个学堂，把他们自己多年对于自然和生活的感受分享给当地人。特别是当地的孩子们，让他们知道在自己脚下的这片土地才是最重要的，懂得爱这片土地。

　　这同时也包含了他们对田园生活的理解，"就是老祖宗说的那四个字'渔樵耕读'，前三个字，说的都是劳作状态，求得生存，此外是'读'，只有读是人类为了满足精神需求，这也是人别于其他生物最为独特的生活方式。所以我觉得，自然生活如果没有文化打底的话，只能称之为生存，而不是生活。"

　　本土，亦是他们有关自然的关键词。例如：海口的居家装饰就可以使用本地盛产的火山石等等。把本土化的天然材质尽可能地引入，由此人和自然也就有了联系，会激发对自然的联想，身心更容易获得融入自然的感受。

　　他们获得灵感的一个很重要的途径是去有古迹的地方，那些极具当地特色的建筑仿佛是从土里长出来的，完全融于那山那水中。例如苏州园林、陕北土窑，或者是新疆少数民族的干打垒。但最为触动他们的还是安徽宏村的徽派建筑。其一，在南宋时期的汪姓大族便有了先建水系后依水建村的前瞻，不遗余力地将自然之美引入生活。其二，每栋建筑里都有个"内向"的小区域，可以让内向的人独处，倍感关照。其三，就是对这些珍贵遗存的保护，虽然经历过动乱的年代，但那些木雕、石雕至今都得以完好无损地被世人看到。如此珍重文化，并懂得如何保留，宏村人的做法正好应和了他们最初对于田园生活的诠释，"读"对于生活的重要，文化的认同让"传承"两字真实存在。

1 如何在一个家中引入自然的元素?

自然元素里无价的是光、风,所以要尽可能地保留,让空间通透流畅。另外就是使用从自然中选取的材质,硬的有石材、沙子等等,中性的有木头、竹子,软性的有棉、麻、丝等等,这些自然材质都让人心生田园意境的感受,也是最简单、有效的装饰手法。

2 请问您最喜欢的书是哪一本?

是给我儿子买的一本绘本《花婆婆》。讲述了女主角在三个人生阶段的活法儿。她告诉我们个体虽然非常渺小,但是任何时候都可以做个"有益"的人。而且最后的画面是盛放的鲜花遍布小镇,这就是田园。美都浸润在里面了,自然,内心。

3 请问您平时生活中有哪些爱好?

除了旅游之外,随着年龄的增长开始对茶和茶器愈发喜爱。最初觉得喝茶可以使自己心静。但追根溯源,其实古人藉由微物"洞悉"这个世界,喝茶就像一叶知秋的道理,也被寄予很多的意义和寄托,从无奈和束缚中体会一点自然的气息。

4 请您给大家一些在家享受田园生活的好建议?

最直接的就是种养绿植,看着它从初萌、生长,到衰落,就是一个完整的生命过程。其次是尽可能地使用天然材质的东西,例如:木质的桌子,它取材于自然,是会呼吸的;使用具有实用性的有着手工痕迹的食器,这些都是活在你生活中的,可以直接给人以身心愉悦的感受。

Architect or Artist

不做建筑师就做艺术家

安东

安东红坊建筑设计咨询北京有限公司设计总监

从 1993 年来中国开办建筑事务所算起，委内瑞拉建筑师安东尼奥·欧查·毕加度（Antonio Ochoa-Piccardo）已经在中国工作了 20 年。2002 年他设计的长城脚下的公社让很多人记住了"安东"这个名字，三年后他创办了安东红坊建筑设计咨询公司，涉猎更广泛的领域，从别墅、电影院、酒店、办公楼、店铺、餐厅、酒吧、老四合院的设计到产品设计（如家具），无所不包。

安东是一个轻松愉快的人。问起梦想，他会说他没什么梦想，只想开心地生活，能够帮助别人。他很享受当下，喜欢从过去中学习经验，从不多想未来的事情，因为未来始于足下。

安东也不会特别纠结于灵感，他一直用不同的方式陶冶自己，对他来说，重要的是保持工作，正如毕加索所说："灵感是存在的，但它仅在我们工作时到访。"平时的他喜欢摄影、阅读、听音乐、看电影、烹饪、做爱、旅行、喝酒、绘画、上网、散步……所有这些都能充实他的生活和灵魂。他说，他欣赏所有创意者，他们有他所不具备的才能，有"到对岸去"的能力和思维。

像多数建筑师一样，安东"因喜爱艺术而学习建筑"；也跟大多数建筑师一样，奉柯布西耶为精神导师。但是安东不相信风格。他喜欢所有的设计，如果不喜欢他是不会做

的。做田园设计跟他处理其他设计一样：了解空间所在地、客户，搜集当地建筑的特色、特色的建筑材料和颜色，以便设计带有地域色彩，能融入当地的大环境。在他看来，建筑就像社会的一面镜子，优秀的建筑拥有一个歌唱的灵魂。关于审美，每个人的标准不一，他不喜欢所谓的"漂亮"，而是由内散发出来的美，就像欣赏一个人，不是因为面容或衣服，而是通过这个人的感情、表达心灵的方式以及身体散发的光彩。"不做建筑师，我会选择做一名艺术家。"安东说。

1 您最喜欢读的书是哪本，它给您什么启发？

奥克塔维奥·帕斯的《弓与琴》。这本书讲了创作的意义、诗意的启示和"到对岸去"的创作思维。

2 哪次旅行令您难以忘怀？

去印度和肯尼亚的旅程。在那里我了解到文化和生活的多样性，了解到当地人、地方景观、动物群、艺术和建筑。当然，还有很多。

3 最让您心动的空间是哪里？

喜欢故宫的空间、比例和感觉。故宫在建筑设计上没有繁琐的花纹、装饰，干净简单，宫墙很高，都是红色的，是真正的中国建筑风格。雕梁画栋是清朝的风格，是中国建筑史中某一时期的流行，简单大方才是中式风格的主导。

4 您认为如何在家里享受田园生活？

田园生活是宁静的、田园诗般的、充满灵性的。可以将室内与室外联系起来，无论是从视觉上还是实质上；用自然材料装饰家；吃有机食物，不要吃快餐。

Fashionable and Natural

时尚、自然两相宜

蔡文卿

林张 · 威可斯室内设计咨询有限公司设计总监

　　台北是蔡文卿（Eric W. Tsay）生长的地方；成年以后，纽约市又成了他第二个家。两个地方他都喜欢，一个是故乡，一个是他施展才能的地方。在纽约，他积累了近 20 年高端精品室内及建筑设计的经验，赢得很多大奖、作品被多次搬上书刊。现在，他又找到了人生新的舞台。2011 年底，蔡文卿搬到北京，受聘于 LTW Designworks 北京公司，担任设计总监，很快创作出了苏州凯悦酒店和开封铂尔曼酒店两件作品。

　　在纽约让他出名的是时尚潮人钟爱的 Monkey Bar（猴吧）、纽约的吉尔·桑达纽约旗舰店（Jil Sander New York Flagship），翠北卡大饭店（Tribeca Grand Hotel）、此外还有麻省的惠理精品酒店（Wheatleigh Inn）、巴黎的费雷全球概念店（Gianfranco Ferré Retail Concept）、柏林的 Quartier 206 精品百货公司等等，虽然有这些辉煌的业绩，但是让蔡文卿感到心动的地方却是加勒比海的海水、南美的安地斯山脉的空灵气势，淡然恬静，清风暖日的田园生活。

　　做了很多现代设计，蔡文卿也钟情自然风格的设计。他喜欢原木与石材粗糙的质感，与欣欣向荣的绿植的交融。在苏州凯悦酒店 23 层楼高的中庭设计中，他在中庭的立面创造出的是中式山水图像转化后的现代意涵。中庭被隐约山水的构成意像所环绕，形塑出一个将户外的江南水乡带到室内的休憩空间中。

　　在另一个项目开封的铂尔曼酒店的中餐厅中庭中，设计概念是将范宽的《溪山行旅图》立体地运用在室内中庭的装饰上。中庭上空有着阵列般布局的灰阶水晶珠串，利用阵列的空间性形塑出立体的山形效果。挑空区的护栏藉由通透的夹胶玻璃处理成云雾环袅绕的空间氛围。《溪山行旅图》的下半部则被转印在 9 米高的竹屏风上，将《溪山行旅图》解构地分布在整个中庭空间中。于是，中庭空间成为《溪山行旅图》在现代手法处理下的意像空间。

　　日常中的蔡文卿很随性，不会特意去寻找

灵感，他喜欢旅行，在旅途中经常有些东西让他大开眼界，他也常常从艺术品上得到启发，在纽约他总是要逛各大美术馆，另外现代舞与剧场也是他的一大发现场所。在他看来，对设计者而言视觉上的启发是很重要的，从这些旧有的经验中得到视觉构图是一个重要的灵感激发因素。

1 **您最喜欢的图书是哪一本？**
卡尔维诺的《看不见的城市》，在历史
与虚幻的大构架下使想像力无限延伸。

2 **您觉得有代表性的田园风格的装饰品是什么？**
落地烛台、陶器与民族风格的饰品。

3 **您对于家是怎样理解的？**
一个舒心的归所，一个"我的标签"，
一个"时空的中点"。

Natural, Inaction

自然 无为

堤由匡

堤由匡建筑设计工作室创始人

提及田园生活，堤由匡这位日籍设计师却是由庄子的"自然无为"的思想来诠释他内心里对此的理解，"如果我们能用很明确的词汇来概括出田园生活是什么的话，那或许并不是真正的自然。" 美的本源在于大美不言、自然本性，朴素是庄子所极力推崇的一种美，朴素的实质仍在于自然无为。它是人们的思想复归精神家园的一种表现，是纯任天性的本然状态。

模仿自然不一定是自然，使用自然材料不一定是自然。观察自然并不是观察它的表面形态，观察自然发出的现象才是最重要。所以，堤由匡在自然中的任何地方都能汲取到他所需要的灵感，旅行、出差或日常的点点滴滴，哪怕只是在自己的园子里看着枝芽萌生，蝶舞蜂飞都会对他有所启发。

自然予他的启迪令他思考设计最根本的需要，由他设计的静谧的犹如天鹅湖之境的舞蹈教室，即是他从舞蹈者的角度出发，去想对于舞者最重要的是什么。"我觉得最重要的是平衡感。所以设计中应该强调地面的视觉效果，更重视地面的设计，其他部分希望有一种朦胧感，尽可能地虚幻掉周遭影响舞者感受的实体，如清晨澄净湖面的水雾，令周围的树林呈现出不真实感，就是这种意境。因此墙壁相对于地面来说更显次要一些。"

这位对当代消费社会的形态至上主义持有怀疑态度的设计师，对于"不管是内装还是建筑项目，只要是从空间的最本质、根本的作用出发而设计的形状都会让我很感兴趣。"

堤由匡相信建筑有能力改变社会，而自满是最差的设计方法。仅仅为了满足业主的要求的设计绝对不是好的设计。做设计之前，就要意识到自己所要承接的这个项目，它的背后其实是寄予了那些陌生的人的幸福，如果，能这样自然地从根本出发，并遵循这一设计初衷的话，那么空间的设计就不仅是一个美化外物的手段，而是能够成为设计的变革，令环境甚或社会，拥有更自然的原态，更尊重人性的需求，社会也因此将会成为更好的社会。

1 曾让您感动的空间是哪一处？

答：应该是位于法国里昂地区的拉·图雷特修道院，它是由现代主义建筑大师 Le Corbusier 设计的，这座建筑被认为是现代建筑光运用的典范。而触动我的是，Le Corbusier 真正达成了 Coutorie 神父的期待，"建筑物所需要的是简洁质朴、无需太多装饰的外表，没有任何多余的华丽存在，同时还要重视对于生命的表达。"

2 您最难忘的一个场景是什么？

答：应该是在意大利的世界文化遗产圣吉米纳诺的山冈上，一边俯视中世纪的古城街景与美轮美奂的托斯卡纳平原，一边喝着当地产的白葡萄酒，直至慢慢微醺，柔和的秋风吹过，人真的是陶醉其中。

3 请讲讲您平时的爱好？

答：读书，是我的爱好，我想也是作为设计师最基本的爱好吧。读书可以激发设计师的创造性。另一个爱好就是摄影。生活里充满各种各样的美好，只是容易被大部分的人忽略。早上柔和的光，中午时分的影子，色彩渐变的黄昏，日落后宁静而深邃的藏蓝色天空，只一天之内，即有无穷变化。相机，让我捕捉并领悟这一切。

4 您最喜欢的一本图书是？它给您带来怎样的启发？

答：豪尔赫·路易斯·博尔赫斯（西班牙文：Jorge Luis Borges）的《Ficciones》。博尔赫斯没看现在没看未来，只看过去。由于组建古今内外庞大书本的知识，做出来现实与非现实之间漂流的幻想感。设计也是现实与非现实之间漂流的。

5 请您推荐一下您心目中能表达田园生活的家饰品？

答：我认为应该是时常被使用到的那些朴素的餐具。能让人感触到土的温暖的东西，我想推荐的是像日本"唐津烧"，质朴而不虚荣。

Fashionable Aspect of Natural Texture

自然材质的时尚品位

大卫·派瑞拉

丽贝亚建筑装饰工程有限公司设计总监

　　大卫·派瑞拉（David Perera）的设计表面看来很现代，仔细观看会发现他的作品有大量的天然材料。他会在办公大楼中心的内庭里使用大块木料穿插在石材中，制造"柔软的效果"；也会在通体白色、钻石造型的售楼处接待大厅用深棕色木料做柜台，以给人温暖感；他甚至还在一个位于海滩的展厅里用浅色木地板铺出"沙滩"感，再用曲木条做出大波浪的造型，搭建天顶。

　　这些长着时尚面孔的室内设计相似之处是，它们都有着一颗"向往自然的心"。正如大卫所说，自然风格的设计取向并不意味着乡土感。他偏好的是"时尚的自然"，那才是现代人的生活。在莫斯科红广场附近的一家高档酒店的设计中，他在大堂和餐厅的公共区运用了闪光材料以制造金碧辉煌的社交氛围；作为反差，他在客房的地板和家具上使用了大量木料，期望给人温暖、舒适、私密和品质感。大卫欣赏材质本身的特性，他把不同树种天然的颜色应用在不同空间，如深色玫瑰木、浅灰的白蜡木，再配上俄罗斯人偏爱的浓重的大红色，营造出低调奢华感。

　　当然，作为设计师大卫不会拘泥于某一种模式。在设计中，他会根据需要把天然材质和人工材料混合，重要的是设计意图。在一家以"爱"为主题的中国酒店设计中，大卫从梁山伯与祝英台的爱情故事想到了化蝶，于是他用亚克力做成色彩缤纷的蝴蝶，这些大大小小的蝴蝶装置从天花垂下来，高低起伏，灯具隐藏在其中。蝴蝶的元素从一层大堂一直延伸到酒店各个楼层，客人好像一路被一群翩跹起舞的蝴蝶所围绕、所引领，走向爱的甜蜜空间。这时，自然与时尚以最浪漫的方式结合了。

1 您心目中的田园生活是怎样的？

那应该是一个宁静的地方，远离压力与和城市的喧嚣，可以闻到绿草和鲜花的香味，呼吸没有污染的空气，充分感受自然。那里可以有一点凌乱，而不像英式花园有过多人工的痕迹、讲究绝对对称，尊重自然本来的样子，这才能让人真正的放松。

2 您做过的设计中有田园风格的吗？您是怎么处理的？

我曾经在克罗地亚的 Hvar 岛上做过两个精品酒店的设计。酒店的建筑材料就地取材，都是天然材料。值得一提的是 Adriana 酒店的 Sensori Spa，这个室外的 Spa 凉棚坐落在一个呈阶梯状上升的缓坡上，就在酒店的后身。设计的想法是让客人在享受 Spa 的同时，

可以欣赏海景、闻到薰衣草和岛上其他植物的味道，感到自己是自然的一部分。

3 您喜欢自然风格的家居设计吗？您觉得什么材料最能体现自然风格的精髓？

我喜欢具有现代感的自然风格的家居设计，它更适合现代人的生活方式。自然风格不一定就是"原木小屋"的感觉，有现代感的自然风家居设计也大量使用自然材料，并尊重材料本身的特质，而不过分加大人为干预。比如我只使木本色。

4 当您需要激发设计灵感时，您通常都会去哪里找？

我的灵感来源主要是艺术、古典乐和旅行，有时观察别人的创造过程也会给我灵感。每

次拿到项目，我会做一些别的事，逛逛画廊、听听贝多芬等等，与此同时我的心思始终没有离开项目，有时在最想不到的地方灵感就会闪现！

5 请您给出 3 个在家享受田园生活的好点子。

居住在城市里要同时享受田园，是一个很大的挑战。可以仔细设计你的阳台，使用自然材料铺装表面，如有纹理的木地板、草坪、未经打磨的石头，少用钢、铝等金属材料。做一个木格栅，种上一些攀爬的植物，注意叶子的色彩组合和不同味道，阻挡开钢筋水泥的城市。

Design Is a Choice

设计是一种选择

胡兰兰

昆山施洛华装饰工程有限公司首席设计师

　　胡兰兰是个倔强的人，2000年环艺系毕业后在北京做设计，干得顺风顺水的时候，忽然放弃了一切，2008年在昆山成立了自己的设计公司，她说这是因为梦想，因为她有颗不安定的心，她想让工作改变旧有的生活方式、改变自己和更多爱生活的人。

　　胡兰兰的这份执着也体现在她的设计理念里。每次做设计的时候，她总是由从心而发，问自己什么是有创造力的、是最需要的设计。她觉得设计不仅仅针对空间、造型，还应该针对生活态度。她坚持：设计应以人为本，从空间、功能入手，以材质和色彩的变化达到人、空间、功能、艺术的和谐统一。

　　在多元化的今天，各种新材质、新理念充斥着人们的视觉和心灵，大家似乎得了"选择性障碍症"。对她来说，元素和风格都是一种语言，设计就是不断选择的过程，她不会过分拘泥于风格，她会是一名好的向导，帮客户找到方向感。

　　平时，胡兰兰喜欢读曾志强教授写的《易经的奥秘》，深入浅出的讲法让她容易洞悉神秘的易经世界，那些有关于宇宙的、人生的、生活的奥秘很适合而立之年的人研读。"道理看似浅显，但参透很难，就像设计，不是一蹴而就，需要积累和沉淀。"

1 提到自然风格，您会自然联想到什么？
亚麻壁纸、幻彩的仿古砖、原木的自然纹理等等，它应该是古朴的自然材质和贴近自然的色彩，给人一种由内心发出的恬静感。

2 曾让您心动的空间是哪里？
是一家杭州的餐厅。优雅、低调的餐厅让我怦然心动，它的设计语言是有血有肉的，那个环境好像在诉说，而用餐的人都在享受并聆听着它。

3 如果遭遇灵感枯竭，您会怎么办？
设计是源于生活的，不是为了设计而设计。如果缺乏灵感，最简单的办法就是去生活里寻找；也可以外出旅行，看看不同风格的建筑，或者其他领域设计的新元素也有助于开阔思路。我比较看重色彩设计，所以我经常翻翻时尚杂志，观察路人的服饰配色和自然里的微妙色彩！

Stand in Line with Nature, Starting from the Heart

师法自然，由心而作

非空

深圳非空设计工作室创始人

也许是久居喧嚣、繁华的大都市，总少不了一份对自然朴实、恬静而悠闲的生活的向往。非空喜欢自然与人文和谐统一的地方，从新西兰度假回来，他无法不为那里的天和地、山和水、人与人、人与动物、与自然而动容，无一不协调，这本身像是奇迹。但对非空来说，大自然不仅美丽，让人感动，还有着神奇的造物能力，让人心存敬畏。在一段紧张的工作之后，他会投入大自然，放松自己，这时灵感会跳出来，反又滋养了他，为以后的设计提供了能量。工作与生活、人与自然本来也可以是一个和谐整体，一个美妙的循环。

多年专注田园风格让非空的每件作品都或多或少都带有田园风格的影子。爱上自然风格的设计，也许是因为后者是最能体现人与自然融洽的关系，而这种环境与气氛能够让人完全地放松下来。所以，在他的作品里，不论室内还是室外空间，都尽可能做到师法自然，不刻意、不拘谨。当然，打造一个自然风格的家并非易事，不过粗糙的石材、原木、铁艺、树脂、仿古砖、瓷器，以及花花草草总是少不了的。

随遇而安，积极乐观，不为工作所累，也不为耽于享乐，在精神和物质世界的制衡中，非空找到了他的和谐。

1 您有哪些爱好？
活到老学到老、艺不压身，人生是一场戏，更换不同场景，需要多体验。

2 您有偏爱的一本书吗？
总能在不同的书中找到共鸣和启发，我认为这才是读书的意义。

3 您如何布置一个有自然气息的阳台？
在条形的铁艺花架上，放几个土陶小花钵，种植一些如太阳花、薰衣草、七色花等小花，再将装好花钵的花架分层悬挂在阳台栏杆上，将后者变成色调丰富的立体花架，享受花香与恬静。

Design Under
the Shadow of Life

仿照生活的影子设计

刘洋

重庆刘洋设计工作室设计总监

出生于"装饰世家"的刘洋一直把设计当作是生活的一部分，有时设计就是他生活的影子。每天穿梭在钢筋混凝土的城市里，看多了朴实与华贵、古典与现代，东西文化的交融，不同的艺术形态的并存，人不知不觉就会变成"杂食动物"。刘洋品茗、焚香，也爱炫酷的工业设计和电子产品。对他来说，一个轻松的假日怎么能少得了伴着发烧音响流转出的浑厚纯净的音乐，沏一壶好茶，细细品味？

在他做过的悠山郡的案例里，可以充分感受到设计师对生活的理解和体验。在地下一层的花园与休闲厅之间，他把钢结构与玻璃相结合，建造了一个现代感的阳光休闲室。亚麻窗帘从室内顶面一直垂到地面上，实木与土砖相结合的仿古砖铺满地面，墙面延用了建筑外墙的土红色和毛砖。室外是茵茵绿草、鸟语花香、碧波荡漾，室内是棉麻材质的布艺沙发，手工打造的烛台、仿旧的铁艺吊灯、工业时期的老电扇和落地灯，再加上土陶罐里的鲜花，老式收音机里流转出的乡村音乐，浑厚甜润的嗓音和着虫鸣，这一切都散发着自然的清新，沁人心脾。

从业15年，刘洋仍旧看不惯一成不变，仍旧会在平日里浮想联翩，在梦中找新的起点。为了保持对生活的新鲜感，他喜欢旅行、拍照，感受不同地方的风土人情，试图从另一个角度看世界；他也喜欢看纪录片、户外探险节目，他好奇各种奇特的植物、动物是如何在特异的环境、气候中生存下来的，也好奇那些少数民族的普通人是如何应对自然条件，并与自然融为一体的。自然的世界里无奇不有，令他大开眼界，乐在其中。

虽然习惯了喧嚣、繁华的大都市，仍旧少不了一份对自然朴实、恬静而悠闲的生活的向往。刘洋喜欢自然风格的设计，因为"自然风格最能体现出人与自然融洽的关系，这种环境与气氛能够让人完全地放松下来。"

1 平日里您如何收集灵感？

如果时间允许，我会外出旅行，旅行见闻和经历可以产生对事物的新认识，这些观念会对创造有新的触及点和启发，或者抱着学习的态度去欣赏、考察一些设计项目。有时我也会在自己的书房泡一壶茶，打开音响，听听发烧音乐，然后再在网上搜索一些图片资料，同时参考一些设计类的书籍，边想问题边画草图，我很享受这种工作和休闲的方式，它还能激发我的工作热情！

2 在家里如何制造田园感的生活？

可以选购一个尺寸适宜的石缸，用白色的小砂石铺满底部，配上一些泥土，盛满水后种上一些水草和睡莲，养几条红、黄、黑的锦鲫，为配色好看。朴实质感的石缸、生机勃勃的鱼儿、绿色的水草与白色的砂石，五光十色，画面生动，养心更养情致。
也可以选购条形的铁艺花架，在空置的铁艺花架上，放入几个同等大小的土陶类型的小花钵，种植一些小花，如太阳花、薰衣草、七色花等，再将装好花钵的铁艺花架分层悬挂在阳台栏杆上，将阳台栏杆变成色调丰富的立体式花架，享受充足的阳光，感受田园般的花香与恬静。

3 有没有比较典型的田园风格的装饰品？

手作贝壳吊灯、蓝紫色的薰衣草配米黄色土陶罐、废弃的大树桩制茶几、竹帘或木百叶窗、养鱼的石缸、藤或者草木编的家具、棉麻质地的布艺等等。

Free Is Natural

自由的是最自然的

杨晗

自由设计师

如果硬要给杨晗的作品框定一个风格，那肯定是融合路线。经过几年行走，个性自由的杨晗在云南找到了自己的栖息地。这个孕育着多民族文化、山水绝佳的地方给了她想要的生活和工作，包容的气度让各种风格在云南这样的文化背景里显得特别自然。

在昆明，杨晗做过一个小西餐厅，餐厅混搭了摩洛哥、地中海、柬埔寨和云南的民族风格，这么多设计元素相互交织，没有凌乱、突兀，反而有一种和谐共存的自然之趣，走入这个色彩斑斓的空间，人们仿佛介入了一个美妙的世界，忘记身处何方，恍若隔世。

丽江度假别墅也是杨晗的力作。杨晗喜欢家空间，她的作品总有一种女性的细腻、温婉。她在这里展现的不是奢华而是现代人心灵的港湾。她认为设计不仅仅是视觉满足，更应上升到生活方式与审美的层次。高水平的设计应该从人性出发，揣摩主人每个微小的生活细节，设计有审美趣味的生活场景，让艺术介入空间，提升生活品质。在丽江别墅里，有中式的纯净、西式的典雅、现代的时尚、返璞归真的自然情怀。各种美在空间里，彼此欣赏。

杨晗说自己从来不会囿于某种理念或派系，好的设计作品折射了设计师的灵魂与主人的气质。自由的设计是最自然的。

1 您是如何做自然的混搭风格？

我在设计过程中，经常出现在工地上，拾掇拾掇木柜、竹子、麻绳，有时候信手拈来的东西都能传递出自然的美感，有非常好的效果，还有民间的手工作品也是自然风格的精髓。

2 您是如何选择饰品的？

中国有句话叫做"妙手偶得"，这之前是一个长期浸泡的过程，不断和饰品接触，发生联系，获得所谓的"手感"，才能懂得它们的语言，学会选择。

3 您最享受的是什么空间，为什么？

我特别喜欢家的生活空间，希望把家里的每个角落、每一个房间都布置得精致和温馨。家是具有生活的表情的，应该从设计中透露出幸福感。

Respect for Nature Is the One and Only Principle

尊重自然，唯一的法则

刘锐

北京无上堂艺术机构创始人

　　做了多年设计师，刘锐反而会用一些"原始"的办法做设计。他注重以自然为本，就地取材，在尊重自然固有的样貌下再创造，把地域人文融入项目设计中，这是他对生活的理解和态度。2009 年刘锐设计的一个 300 多平方米、田园风格的二层咖啡店，采用了混搭的方式，充分利用当地的原材料，突出田园风格粗犷的一面。外墙采用天然涂料，内部是原木做的桌子，在临近的河滩里捡拾的原石做的吧台，一楼一个近 2 米宽的木质平台则以传统的铜油浸泡法（做船时常用）打造而出，再配上文艺复兴时期古典风格的布艺沙发和休闲椅，DIY 的斑斓铁艺灯，订做的陶瓷洗手盆，边角料做的花盆……室内外成为和谐的统一体。窗外是车水马龙，屋内是清新自然，

入夜，曼妙的音乐响起，让人感到悠然自得。

　　简朴的用料考量较多的是设计师对材料的运用、表现手法和细节的处理。但是关于自然，刘锐的看法很独特，他认为宇宙中的一切都属于自然，田园是自然界中重要的部分。自然的材料有天然的石头、木料等，也包括后科技的自然材料，即通过现代手段打造的有自然元素质感的材料。

　　刘锐做设计很看重感受，他认为人在空间中体验出的味道才是当下设计的重点。讲起体验式设计，他感受最深的是位于西班牙马德里市郊的 Avenida de America，建筑有 12 层、342 个房间，外观时尚、造型独特、照明设计前卫，整座建筑无异于一场视觉盛宴；而马德里的另一家设计型酒店 Puerta America

则更像一座 21 世纪的设计博物馆，让马德里人为之骄傲。这是设计额外的价值。

　　话虽如此，刘锐并没有把设计看作高高在上，他认为设计是一种方法，只要人热爱生活，细心观察，对世界充满好奇心，能把想象勾画出来，都可以成为设计师，而他自己到现在平面设计、空间设计还在用手绘。

　　平时，刘锐的皮包里常放一个笔记本，随时记录好点子。他也喜欢向书本、同行讨教，和有经验的同行聊天，进行头脑风暴；有时他会找个清净的地方让自己沉静下来，或者登山、眺望大海，约上三五好友打乒乓球。对他来说，保持乐观积极的心态最重要。

1 **如何简便地改变家庭装修的感觉?**

随着年龄增长对生活的理解在改变,可以利用颜色来调整家的味道,最好在室内墙面使用环保材料,环保漆或硅藻泥等。

2 **曾让您感到心动的空间是哪里?**

2012年8月去西班牙马德里Puerta America酒店,它是由当今世界级建筑师和设计师团队共同打造的设计型酒店。为了体验设计,我特别要了4楼的Plasma Studio(普拉马工作室)。室内设计以几何游戏为理念,大量采用不锈钢,空间内的一切,包括浴缸、

洗手盆都呈现几何式的折角和变形,独具功能性和艺术效果,空间多变而奇妙。

3 **您有着怎样的人生理想?**

走的地方、经历事情多了,人变得简单了,我的准则是认识自己,不攀比,不跟风。现在的我做好工作,处理好家庭事物,珍惜好亲人和朋友就满意了。我同意一个设计师的看法,他把人生从25岁到65岁分成四个阶段,每十年人要做不同的事,事物的发展规律是无法跨越的,"人生如自然,自然是人生"。

Beauty Is a Responsibility

美是一种责任

方国溪

厦门辉煌装修工程有限公司
方式设计机构总经理

"美是生活的教养。"

这是方国溪的哲学。他认为设计师不但要创造美，还要了解美，以美修心、以美养性，传递生活的"真善美"。从大的方面说，设计师的每个项目都会对生活、环境、社会产生影响，所以设计师应该有社会责任感，让设计为人服务、为社会创造价值，而不是任由创意天马行空，这样的设计才能充满正能量。

方国溪喜欢自然风格的设计，因为它耐人寻味。他把田园风格分为东方田园、地中海田园和托斯卡纳田园。选料上，他趋向于亚光面和贴近自然的材料（如仿古砖、原木等）。对国人来说，最钟爱的材料还是木质，因其触感温润，并有生长之意。

和其他的设计师不同，方国溪钟爱单纯的设计风格。对他来说，空间的设计做得"少"一点，生活做得"多"一些，让空间为人服务，与人融为一体。这个世界本已如此复杂，应该让自己变得单纯、回归本性，集中精力做一些真正重要而有意义的事，放弃过多没有意义的诱惑。

1 **您最喜欢哪一本书？**
《弱空间》，它强调不要过度设计，一切自然而然。

2 **您平时还有哪些爱好？**
焚香、品酒、茶道、收藏、旅游、摄影、绘画、读书、烹饪。体验慢生活，让自己多点思考。

3 **您印象最深的一次旅行经历是去哪里？**
在台北的旅行让我感到创意深深地融入当地居民的生活，一切是那么土生土长，自然呈现，虽然都是精心设计，但不留痕迹。

4 **您最喜欢家里哪个空间？**
书房是最舒适的地方，摒弃正式的手法，摆上宽松的沙发，配上书架，并与阳台交融、绿植、鲜花陪伴左右，阳光四溢，生活是如此惬意。

设计说明

　　天然的蓝，自然的白，无疑是地中海风格的主调调，海的元素展露无遗，身处其中，让长久生活于钢筋混凝土中的人们感受到碧海蓝天带来的舒适生活。客厅中蓝色的沙发，白色的沙滩椅，墙上地中海画作，轻柔的纱帘，伴着微风轻轻浮动，原来海风也不甘寂寞，迫不及待想要掺和其中，海星海螺也来凑热闹，真是十足的"海味"。房间的案桌上，角落间有意无意点缀的盆栽，那是要吸引阳光的身影，是不是也增添了一抹青春活力的气息。

　　独具特色的拱门与半拱门，给人延伸般的透视，低彩度、线条简单且修边浑圆的木质家具，给人清新的感觉。◢

Pick Flowers by the Royal Walls, Witness Sunset in Leisure

采菊皇城下 悠然见斜阳

符名文

北京阿其德尼建筑设计咨询有限公司创始人

　　20 年前，作为观光客符名文第一次来中国，四合院的美、北京的美，在那个时候是非常清晰，非常有符号性的，带着一张张明信片一样的记忆景象结束旅程。因缘际会，8 年后，符名文因为工作再次来到这座城市，从此，他的生活和北京和四合院交织在一起，一同生长，相互滋养。符名文说，暮鼓晨钟的北京才是那个有强烈个性的城市，在今天失控的城市建设中，美好的胡同在皇城下显得弥足珍贵了，这种居住形式就是大都市里的田园。

　　走进符名文坐落在豆腐池胡同的妙吧，这个前身是庙和工厂的院子被符先生巧妙的保留、修葺和重生，"你看，胡同院落的精髓清

晰可见，破损地方的修缮忠实于整体的样貌，玻璃与廊柱构成的天光吧让院落有了新生的意味，却丝毫不显突兀，所以说，即使是在城市中，田园设计的基本原则也是道法自然，不要去做一些无意义的拆改，那样只能画蛇添足，或者不伦不类。"符名文对院子的处理很有画面感，"那边旧工厂的墙面孤立地看非常老旧斑驳，似乎有些煞风景，但我用一些错落的竹子去掩映，混合着光影的图案反而让破旧变成一幅有故事的画面，不是推倒重来才叫设计，化腐朽为神奇更重要。"

　　符名文走过世界很多个角落，令他难忘的还是那些与自然密不可分的田园风光。因此，

符名文更愿意接手那些能与自然对话的案例，比如悦榕集团新进在腾冲的项目，有人文，有自然，参与这样的设计本身就是一次愉悦的体会，让建筑悄无声息地与大自然融汇，两者相互渗透，相互装扮。

　　符名文对四和院的热爱是出于对历史对古建的欣赏，也是对悠闲雅致生活方式的痴迷。在清代是这样描述四和院人家的："天棚、鱼缸、石榴树，老爷、肥狗、胖丫头"，多有画面感的语句，最理想的田园生活也不过如此。这似乎应该是符名文把居住和工作都放在胡同放在四合院的原因吧。

1 通常对院落的处理，您会如何入手？有没有一定的规则可循？

不管是四合院还是其他形式的有历史的院落，它的布局、材质、以及身处其中的自在感受决定了它在城市中是最易与自然融合的建筑形式，所以对它们的处理有个最基本的原则就是尊重原型，保持它的风貌，修复损坏的地方，用色用材植物种植都要顺境而为，不要让院落失去经过岁月推敲后的美感。

2 您眼中最美好的田园设计和生活状态是什么样的？

最好的田园设计是能结合到自然风景的，让你设计的房子自然地融入到景色中，而不是拆景建房，从室内也能引入景致，如同苏州园林中的借景，让内外有交汇感。当然，能在这样的

环境里生活一定是好的，同时还能掌控生活与工作的节奏，恐怕这就是完美了。

3 在您眼中，中式的田园风格是怎样的？如果让您建一所房子，会怎么选址和布局？

由于中国历史的绵长，民族和地貌的多样性，中式的田园风格也同样有多样性，比如四合院就是一种带有古典意味的田园风格，因为它符合田园风格取材自然、环境闲适的特点。如果让我建一座房子，一定会选一个自然景观非常美的地块，在不破坏原状的基础上，就地取材，运用当地的特色，粗活细做，让每一扇窗外都有风景，这样的田园风格才是既本地化又国际化的。

A Hundred Choices of Pastoral Design

田园设计的一百种选择

金煜娜

自由设计师

　　说到田园风格，多数人的第一反应是森林小屋，但其实田园风格可以是丰富多样的。这就好像每个人都喜欢大自然，但是喜欢自然的人又是彼此不同的，那么他们的房间怎么能一样呢？

　　在一位浪漫的女主人的房间，可能看到的是拖地的亚麻窗帘，油着清漆、造型简单的木家具，木色和年轮成了的天然的装饰，餐桌显得有点凌乱，上面堆砌着高高低低的烛台、彩绘的奶壶、细白瓷糖罐、咖啡杯、茶碟、餐巾、鲜花、海螺…好像一顿丰盛的晚宴马上就要开始。也可能在一位崇尚自然的年轻人的房间里，桦树皮茶几、树墩削成的边桌、苔藓贴饰的花器、镶石子的桌旗、参差不齐

的布条做成的装饰灯……原始的、粗朴的家什占据了显要位置，家中简单再简单，回归设计的原点。

　　虽然它们都是以田园为主题，空间的感觉完全不同，因为主人的气质、爱好、生活方式不同。所以，与其说把风格解析为材料、色彩、设计元素，倒不如说风格是一种氛围，处在空间中的人受到感染而产生某种心理体验。金煜娜爱说，软装设计师的角色更像是造型师，把握的是整体、组合的效果，而不是具体某件东西是否合适。空间里的所有视觉要素无论是色彩、图案、材料、家具、配饰都要符合设计师制定的某种秩序，有主角有配角，即使局部设计或摆设看来普普通通、

缺乏特点，如果能恰如其分地烘托空间的氛围就是成功的设计。

　　生活中，金煜娜喜欢观察别人家里的小细节，小瓶里装着的刚从路边采来的野花，光秃秃的椅子被"穿"上了薄纱"裙子"，蜡烛下围了一圈木屑堆成的花串……家里的这些小凌乱闪耀着生活的色彩，让人有归属感，而这就是家和漂亮的样板间的区别。其实，解读一个家就是在解读一个人，一个人的生活形态，一个人对生活的态度。这些对家、对生活的理解全部呈现在设计里。观察每个设计都能体会到主人的用心，而每一分用心都是对生活的爱。↗

1 您觉得田园风格适合所有人吗？什么样的设计才算是田园风格？

田园风格因人而异，但是不管具体呈现的形态如何，重要的是空间的总体感觉是对的。

2 您有没有在田园风格的设计中偏爱使用的设计元素？

可以考虑使用亚麻、蕾丝、原木色。其实，屋子里只要有一两件代表风格气质的设计作品即可，不必所有的物件都是一种风格。毕竟我们生活在现代社会，要精神性的东西，也要现代生活的便利。

3 当您接到一个设计案例时，您是如何开始构思的？

软装设计是服务人的，设计的起点是先了解主人的性格、喜好，然后是对生活场景的想象，揣摩、把控每个细节。比如如果床架做成了树枝状的，有树林的感觉，就可能比较适合一个猫头鹰的床头台灯。

4 田园常常给人浪漫感，您有一些办法把家里的气氛营造得轻松而浪漫吗？

可以在窗帘上下功夫，用拖地的窗帘，也可以用多重纱帘，普通白纱帘、提花的白纱帘、蕾丝纱帘，堆出很多褶儿，这也不会遮挡阳光。

也可以给桌子或椅子加垂帘，再在外面罩上带褶皱的轻纱。或者给一个普通的木凳子做一个白色的长绒毛的套子，冬天的时候套上去，看着温暖，坐上去也舒服。

5 请您给读者一些在家享受田园生活的好点子。

可以 DIY 一些花器、装置等。比如用铁丝编一个灯罩，然后买一些假蝴蝶或者绢花粘在上面，这样一个普通的灯就变得有情趣了。另外，家是全方位的体验，可以体现在视觉的色彩上，也可以用香薰和音乐，从味道上和听觉上来感受家的田园感。

Nature, Reflection of Life-Force

自然，一种生命力的体现

佘文涛

北京无上堂艺术机构创始人

佘文涛的职业经历非常多元和丰富，先是读陶瓷美术，继而修学中国山水画，因爱好摄影而开过影楼，最近十几年又扑在了室内空间设计和陈设艺术设计上，在经过各种历练和淘洗后，说起理想中的生活他是这样描述的："悠闲、自在、写意"。

佘文涛最爱的一本书是弘一法师的书法集《心经》，爱到每天诵读，从中领悟了"生活即修行"的道理。"我们所从事的每份专业，每天的每个瞬间都是寻找自我的过程，所谓心定则天下太平。弘一法师有句名言：不能人以书名，应是书以人名。你的书法艺术是因为你的德行和修养而更为有名，而不是依靠书写的技艺人才出名，设计也如是。"

很多年前，佘文涛与一位茶人朋友到肇庆七星岩，三人坐到一条小船上，茶馆一男服务生撑船，泛舟到湖中央后停下，空阔宁静的湖面映着一轮满月，空灵无垠……朋友冲着茶，大家品饮、赏月，微风拂面……那个场景让他至今难以忘怀。自然的美和力量是可以烙入内心的，这样的境界也在潜移默化中影响着他的设计与生活。

在佘文涛眼中一块江西农村榨花生油用的樟木，有着自然风化的质感，奇崛的造型随意而自在，加上福建农村磨豆浆的石磨和仿古紫铜板，立刻就变成一张现代而有艺术感的茶台。一块安徽产的黄灵壁石，形制飞动，是壁龛中最好的艺术品。而大漠中"生而千年不死，死而千年不倒，倒而千年不朽"的胡杨木枯干完全可以成为空间的亮点。"这就是自然的力量，那种蕴含其中的生命力是无可替代的，大自然之手绘出的景象是最田园的"。

佘文涛正在实施阶段的一个别墅项目占地三亩，中间是一个大的庭院空间，以贴近建筑红线的回字形围合，业主是一位喜欢禅修的投资公司总裁，相投的兴趣成就了这个方案，室内空间的设计全部采取对景的策略，庭院的每个细节都是为了室内活动的人的视觉需求，"步步换景"，四时自然风貌的变化成了有生命的画面。同时景观的营造主要以禅意为目的，采用成片的竹林，开阔而平静的无边际水池，天然的石头艺术等等。

兜兜转转过来，终于明白艺术才是自己骨子里的追求，已把生活与工作融为一体，每种爱好，都是"悟道"的过程，早上画画、读书，下午做设计、策展等。当潜心时就可静观到自己的"心"，就像画水墨画，每一笔通过敏感的宣纸总可以"看"到自己的状态，是自由还是拘谨？是开放还是封闭？佘文涛希望通过修炼，完成一个智慧而相对圆满的人生过程，这样的状态就是他心目中自然而有生命力的田园生活。

1 您喜欢自然风格的家居设计吗？您觉得什么样的要素最能体现自然风格的精髓？

从开始从事室内设计时，自然风格就是自己的偏好，我总喜欢用自然而朴素的材料：天然未加工的石头、木头来进行设计。除了材料之外，关键要在空间与景观的呼应关系上下功夫。

2 当您需要激发设计灵感时，您通常都会去哪里找？

我觉得，静坐能激发自我的潜在灵性，让自己的感觉更加敏捷和持久。心情郁闷的时候我也喜欢一个人到无人工痕迹的公园湖边独坐、散步，感受自然无为气息的同时也是梳理思维的好时刻。

3 您是如何用很简单的手法营造自己的田园生活，给读者支几招！

① 我的书房品茶区，在透明玻璃隔断外设置阳光房，把阳台的绿植还有远处二个层次的绿树拉进室内，老樟木茶台透出自然质朴的气息。

② 茶室的一面墙壁，设置喷砂落地玻璃窗，摇曳的光影自然地形成了一幅会动和变化的画面。

③ 我有一张用原木截面和亚克力板组合成的茶台，简洁自然。

4 曾让您感到心动的空间、环境、人、事、物是？

2005 年国内的二十位设计师参加美国设计年会，有一站是到华盛顿参观贝聿铭大师设计的美国国家美术馆东馆。未去之前已从书本上详阅了所有的图片和视频资料，到后我先绕建筑走了一周，然后再从有着亨利摩尔雕塑的主入口进去。记得穿过前厅空间到达中庭的那一刹那，有一种精神"跪地"的感觉，神圣的自然光，多变的空间层次，充满视觉冲击力的抽象雕塑和绘画……大师的作品中有着某种直达心灵的力量。

禅书房

从小就梦想有间书房，里边都是我最喜爱的书。我每天在里面生活着，读书、画画、喝茶、听乐……

在不惑之年的今天，我拥有了。万法通禅，于是取名为"禅书房"。记得有个智者给自己的书房起名为"佛魔居"。意思为道高一尺，魔高一丈，想修炼成佛，必须借助于魔的敌对。一切欲皆是魔也，于是，"无欲则刚"成为我们生活的修炼目标。

书房，不在大小，也不在书的多少，因为一本佛经包含的内容和智慧已经超越了所有学科的书籍。所以最有禅意的书房，我想应该是四壁清白，只有一几一案一椅，几上有香，案上有经，椅上可坐忘于空。这样，宇宙的一切能量自然就充盈于中……

City's Association
with Pastoral

都市对田园的联想

刘卫军

PINKI 品伊创意集团创始人

走入刘卫军的"庄园"就等于走入了一个清新淡雅的世界，大面积的图案在空间里显得淡雅而恬静，铁艺、棉麻、藤制、陶瓷、纯木或石料等材质自由穿插其间，家具布局错落有致，让空间看来漫不经心又悠然入心，颇得自然之真趣。

田园风到了刘卫军的手里恰如其分又有几分新意，这新意即是混搭的风格。在刘卫军眼里，所有的风格都是一种文化体验，而不是符号的重现，所以他的家居设计一般不会整套使用一种风格，只是在细节之处着重体现主题风格。在刘卫军曾经做过的一个《花

好月圆曲》的案例里，他把田园风格巧妙地融入了地中海风格，那明亮而奔放的色彩交织带有鲜明的民族色彩，并重现了四季轮回的色彩，薰衣草、玫瑰、鸢尾、被水冲刷过的墙、古老的建筑……又表达了人与自然密不可分。不炫耀技巧，只是秉持简单的观念；不过于注重形式，只是追求梦中的意境。于是，在这个空间里明亮的光线四处流淌，大胆而自由的色彩，天然材质的家具，把人带回泛着花香与泥土味的乡间。

当然，风格混搭并不是随心所欲，设计师一定先要看准主题风格，把它作为基调，再在

点睛之处添加其他风格元素，作为配角增加趣味，这样才能混搭得丰富而有秩序。有时候家具这些比较固定的部分不容易买到可心的产品，可以转而利用有象征意义的配饰如挂毯、布艺、雕塑等来代替家具营造室内的风格和气氛。

从业这么多年，刘卫军对设计的总结是：室内设计是一个整合，它包括了室内设计、家具设计、规划设计、陈设设计，空间里所有的视觉内容都是一体的，设计师的身份就好像一个整合者，通过创意提升了整体价值。

1 您对田园的生活方式有怎样的理解？

有时想想人生挺有意思的，有人出生在乡村，一心想在大都市生活而努力打拼，之后可能有了出国的机会，然后在某个国家的某个知名或不知名的小镇上住下；有人出生在繁华的都市，经过千锤百炼而功成名就，最后也在某个可以听风看雨、秀丽清幽的村镇度过余生。所以，我想田园风的终极表达是人们对乡村和谐、浪漫、轻松生活的憧憬，回归自然的梦想。

2 您认为有典型的田园风格的设计吗？它应该是什么样子的？

我打一个比喻，这就像传统食物讲究正宗，根正苗红才能代表它是"好的"、"对的"，其实，当初这种食物在发明的时候，人们无意中发现它很好吃，然后在因袭的过程中，不断加入新的烹调经验，让它的做法更完善，味道更好，所以，经典都是相对的概念。田园风格也一样，是满足久居都市的人们对于田园生活的想象，一种心理满足，没有所谓的"典型"。

3 您觉得什么材料和设计要素最能体现自然风格的精髓？

自然风格的家居设计并不是用材料来体现的，而是人对生活的情感表达，只有放在自己的生活中去体验才是最自然的！

4 当您需要激发设计灵感时，您通常都会去哪里找？

灵感就在生活中。我有时候去看喜欢的电影、听爵士乐或者在家里安安静静地呆上一整天，放空自己，让自己快乐。

5 您有着怎样的人生理想？

每个人一生中或许都有很多的追求与梦想，而我是一个有想法就会去尝试的人，每次的经历让我更懂得了解人生信念支撑的重要。

花好月圆曲·续——阳光金城

　　本案以英式田园风格来规划设计，将原本多元化的风格特质尽情挥洒出来，营造出粗犷中带着细腻、休闲中流露庄重的氛围。压低的吊顶为空间平添几分闲适，加上灰色系的主色调带来的淳朴自然，空间顿时充满四季轮回的色彩表情，充分表述了人与自然的融合、分享。各种大理石、橡木木饰面、格子墙纸、布艺制品等材质的充分运用，让空间粗中有细，粗狂而不乏精致，尽显豪宅的大气和雅致，却又不乏自然的灵动气息。

元素
竹艺

田园设计重在对自然的表现，粗糙和破损是被允许的。田园设计的用材诸如竹、藤、木、砖、陶、石等，越自然越好。在织物质地的选择上多采用棉、麻等天然制品，其质感正好与不饰雕琢的追求相契合，有时也在墙面挂一幅毛织壁挂，表现的主题多为田园风景。不可遗漏的是，田园居室还要通过绿化把居住空间变为"绿色空间"，如结合家具陈设等布置绿化，或者做重点装饰与边角装饰，还可沿窗布置，使植物融于居室，创造出自然、简朴、高雅的氛围。此时，邀三五好友，对月品茗香茶，更有一番回归自然的感觉。◢

竹子来自欧洲、日本和中国专业领域的竹子器物，以温和的共性，传递出"传承与尊敬工艺"的初衷——不能缺少竹子的田园生活。古人语："宁可食无肉，不可居无竹"。以品牌奢华为价值核心并仍在影响当下人们生活的主流方式，"竹木"表达设计师的职业唯美判断，更是一次重新梳理文明社会进步价值的有益东西。日本和东南亚的藤制篮子、端正的漆器、巴厘岛上古拙的原木器物等等，那是切切实实的日常生活。不止日本，欧洲也爱木，但他们的木器带着更多的宗教色彩。木和竹有一样共性，就是触觉落落大方，本性与时间缺一不可共同完成了它们。

（陈耀光提供）

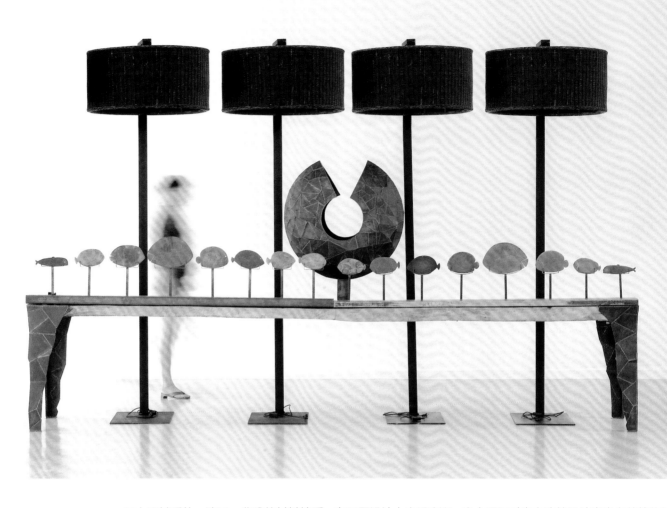

　　原木因其质朴、淳厚、典雅的材料特质，在田园设计中广受欢迎。当今国际时尚主流的设计崇尚自然简约的风尚，此设计手法彰显简练、劲挺、大方的品味及格调，又散发出自然、简约现代的时尚风情。

　　例如原木设计在实木手工制作工艺中运用古代木作结构做法，展示传统实木榫卯接合工艺，坚实稳定。原料天然环保，而原木经过基础处理之后所散发的特有的温润、亲切的触感。诸如年代久远的充满岁月味道的宽大的实木原料，筋络暴露，质感强烈，充满气势与力量。传达出来的气息，则体现出设计师希望表达的尊重传统，向往自然的精神和理念。

（赖亚楠提供）

元素 石材

旧的仿古砖：天然石料的现代仿品，表面有着粗糙质感，不光亮，不耀眼，朴实无华。施工时要留缝隙，特意显示出接缝处的泥土，感受岁月的痕迹。同时也反映在装修上对各种仿古墙地砖、自然裁切石材的偏爱和对各种仿旧工艺的追求上。

天然板岩：由天然石材粗加工而成，加以斧劈刀凿。它的自然古朴是设计师眼中的最爱，壁炉、踢脚线，哪一样都少不了它。人们对高品位生活向往的同时又对复古思潮有所怀念，这才是石材尤其仿古材料的大热所在。◢

（芒果品牌提供）

　　田园居室通常对于植物的选择有着较高的要求，将绿化植物按照房型结构和装修需要，分散在各个房间独自一隅，形成错落有致的格局和层次，能充分体现人与自然的完美和谐的交流。

　　最重要的是跟着"节气"吃着当令食材，撷取应景的色彩、物件装饰居室。初春时节，玄关案几上更换粉嫩的花卉，抑或居室的角落可以大胆的采用大型枝梗绿化点缀，顿时冬季厚重灰暗之感消除。倘若家中有着亲人的陪伴，喜爱的植物花艺装饰，美食的调节，艺术的滋养，现代田园生活随处可拾。◢

（齐云提供）

黎香湖 Lake LiXiang

项目地点：重庆市南川区黎香湖镇
开发商：中海投资
设计机构：HSD 水平线空间设计有限公司
设计师：琚宾
设计组：姜晓林、陈马贵、曲 龙
软装：任德杰

黎香湖记

　　去城西北三十里，沿途山坳 滴。林中乱眼渐欲迷，惊现波光平沃野。疑是身临近瑶池 道梦回曾至此。承山起水苍茫地，茫茫烟波淼淼去。踏水循迹龙台寺，龙可上天寻仙女？独留一方香瑶池，沃及三乡稻黍黎。

　　桃花源是陶渊明笔下的中国历史上古代文人的理想隐居处所，随着社会的快速发展，奢华的物化慢慢取代人类的精神世界，而世外桃源的"采菊东篱下，悠然见南山"的回归自然，重回过去，回到原点的内心归隐一直是东方美学的主导。

　　我们的项目就位于黎香湖这样一个现代桃花源。隐在湖边，归在田园。

　　我们用东方美学的六种心境表达沉潜而温润的空间气质。

　　美心 我们将自然的意境与当下的生活方式结合，将文化精粹的元素融入到生活中。美学与自然的和谐统一形成静谧悠然的心境。

　　德心 "重回经典，回归传统"是中国美学所追求的方向。因此我们把宋代文化意境作为我们的设计灵魂，"东方当代的度假生活成为我们的设计引导。形成扎根与传统的共识。

An idyllic land under description of Tao Qian (a famous Chinese poet in the 4th century) is envisaged to be an unsophisticated, pure and glorious fairyland. It has been regarded as an ideal getaway place for Chinese literates for generations. Despite the fast development of material world and the pursuit of luxury life instead of spiritual life in modern society, to find a way to the peace in mind has been a main idea of oriental aesthetics.

Our project is located in such a modern "Land of Peach Blossom" where one can rest by the lake side and live an idyllic life.

We endow six moods from oriental aesthetics to express the mild and leisure spirits to the villa.

Beauty

The designer withdrew spiritual elements from culture and nature, and fused them to the modern lifestyle expecting to trigger the unison of aesthetics and nature and forge inner peace for people.

Excellence

Recurrence of classics and tradition is what Chinese aesthetic has been longing for. Therefore, the design was based on the spirit of culture in Song Dynasty. Under the concept of modern oriental vacation life, the design seeks common grounds for tradition and modern life.

Creation

The villa is a complex of commonality and individuality, multi-culture inherited

创心 历史的情怀、时尚的气息使得这里散发着一种个性与共性、复杂与多元并存的"集古"气质。因此我们也将把这种东方空间的气质美学与地域的矛盾性、文化的复杂性融合在项目设计中使之得以共融共生。

精心 精致的细节，雅致的氛围，每个视线或山色或湖景，让人沉浸在悠然的山居度假气氛，置身黎香湖的优雅情景中。

艺心 东方文化背景为出发点。力求将美感由各个饰品的内部散发出来从而将空间渲染出一片蕙质兰心的东方风韵。时尚的软装搭配，融合传统纹样与精致的面料，形成现代触感。将传统工艺与当代结合的艺术作品，透露出当代东方的情怀。

匠心 精致的收口细节，木，石，金属的运用，精湛的制作工艺，东方细腻的独具匠心与西方顶尖的巧夺天工被完美融合在该项目之中从而呈现出一个人文美学同时又具有国际化视野的空间。

and infiltrated history and the sense of fashion. We creatively infused implicit oriental feelings into the design and made it unite with the contradiction within regions and the complexity of the culture.

Elaboration

Exquisite in details, elegant in atmosphere, Lixiang Lake project provides people leisurely vacation with its beautiful landscape and fine design.

Art

Based on oriental culture, every accessory in the space expressed an elegant temperament on spiritual level and enhanced the modern feelings of space with fashionable decoration, traditional patterns and well-crafted materials.

Ingenuity

All exquisitely designed details, the use of wood, stone and metal in design, the fine craftsmanship, have formed unified and unconsciously revealed the meticulousness of oriental and international as well. ◼

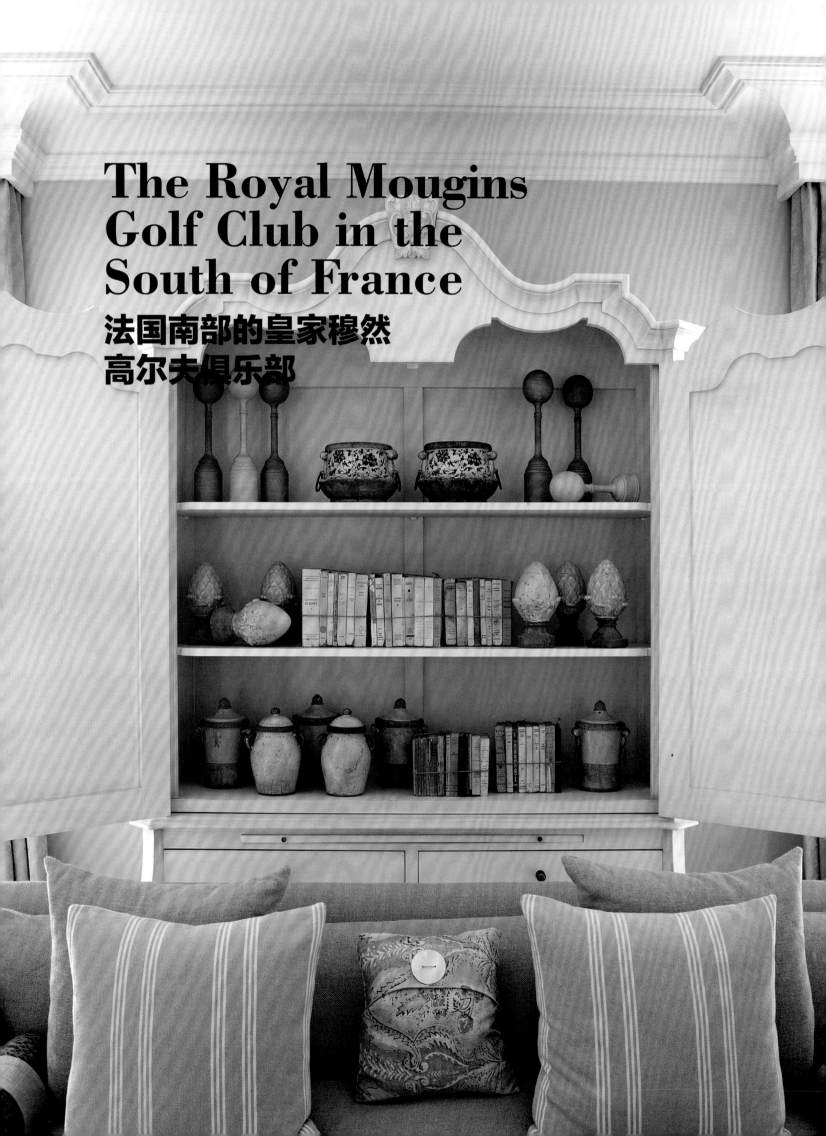

The Royal Mougins Golf Club in the South of France

法国南部的皇家穆然高尔夫俱乐部

Kelly Hoppen

国际知名室内设计师，所设计的家具，强调对称与平衡的设计美学，并以简洁的风格呈现其独具一格的设计手法。

Kelly Hoppen 出生在南非，在伦敦的切尔西 (Chelsea) 长大。她不仅在室内设计领域表现突出，精力充沛的 Kelly 还在运作个人作品零售商店和一个室内设计学校。同时，她还设计以自己名字命名的品牌的家具、灯具、地毯等家居产品，并为其他品牌创作一系列的产品和陈列设计。

整个空间的设计融合了东西方的复古元素，并将它们巧妙转化为时尚简约的低调奢华。Kelly 将原本冲突的古典风格和现代极简，巧妙地融合为具有灵魂的家居氛围，创造出了 Kelly Hoppen 式的独一二的风格，内敛优雅同时又带有个性，让人不只从外观上感受到摩登时尚，更从内在居住的过程中感受到舒适的家居氛围。

整个空间铺陈了大量的白色，和黑色的家具、地板形成鲜明的对比。卧室中使用的布艺大都柔软舒适，增

添了几分温暖和轻松。布艺多以花朵为主要纹样，简洁干净，没有多余的元素。墙上挂着各种镶有明星照片的装饰画，有一种古朴的年代感。间或点缀其间的绿植清新自然，丰富了空间的色彩。空间内的很多家具及配饰都是由 Kelly 亲自设计，利落的线条加上简约的外型，令她的每件作品都散发出洗练沉稳的味道，"我想要做的是将我所洞察到的事物呈现给所有人。"

Kelly Hoppen 的设计可以用两句话来概括，那就是简单呈现细腻，朴实打造华丽，对许多人来说 Kelly Hoppen 的设计是一种让空

间看不出设计的设计，纯净、自然，每一个物件就像是原本就该与这生活空间同时存在，没有额外或刻意加进来，而这也正是展现一般现代人居家风格的最高美学。她认为家居空间最主要也是最难营造的是一种人的味道。关于带有人性的空间营造，Kelly Hoppen 提出了几点简单明确的方针，她相信每个人都有一种属于自己的色彩，要适度地将这颜色表达于空间里，不像现在某些所谓的设计潮流，将每个人的家居空间弄得皆是大量的纯色或空白的墙面。Kelly 喜欢用织物，借由布料以及不同花纹的织品营造空间的层次，让它显得丰富而有温度，Kelly 喜欢在不同的房间里

用织物进行陈设和搭配，特别是卧室和浴室，因为这两者是非常具有感性的地方，是你睡觉前和醒来后看到的地方。厚实而蓬松的地毯、洁白的床单配以薄窗帘，营造了一个完美的卧室形象。白色的大理石配以黑色的木元素，加上柔软的毛巾给浴室带来完美平衡的感觉。

很难给 Kelly Hoppen 的设计界定风格，她好像没有具体的风格，但她的作品却有非常明显的个人特色，她能够极为自然地将设计和空间融为一体，让每一款对象像是原本就存在于空间里，这样恰到好处、不着痕迹的设计手法，展现出 Kelly Hoppen 炉火纯青的设计功力。

Enclosed Open House

地点：新加坡东岸
建筑师和设计师：Wallflower
设计团队：Robin Tan, Cecil Chee & Sean Zheng
摄影：Albert Lim

　　主人希望房子在保证安全和隐私的前提下尽量宽敞且现代。所有的使用空间均是在房子内部的。

　　首层以及庭院之间环境的透明对于房子的被动散热具有重要作用。

　　所有院落有不同的饰面材料，因此有不同的表面和潜在吸热力（水、草、水、花岗石）。只要院落之间有温度差异，客厅、餐厅和泳池之间就有微风，跟海陆之间的风的形成有异曲同工之妙。第二层的实木百叶窗，可以用手来调整和过滤微风和阳光。

　　连续和相互联系的空间使得庭院生成的微风以及当季风都吹进来。主人得以在密不透风和繁忙的城市中体验无价宁静的空间，微风轻拂，阳光斑驳，池塘水声滴答……

The owners wanted a spacious, contemporary house that would be as open as possible but without compromising security and privacy at the same time. Surrounded by neighbours on four sides, the solution was a fully fenced compound with a spatial programme that internalised spaces such as pools and gardens, which are normally regarded as external to the

envelope of the house. By zoning spaces such as the bedrooms and servants' quarters on alternative levels, i.e. 2nd storey and basement levels, the ground plane was freed from walls that would have been required if public and private programmes were interlaced on the same plane. The see-through volumes allow a continuous, uninterrupted 40-metres view, from the

entrance foyer and pool, through the formal living area to the internal garden courtyard and formal dining area in the second volume. All these spaces are perceived to be within the built enclosure of the house.

The environmental transparencies at ground level and between courtyards are important in passively cooling the house.

All the courtyards have differing material finishes and therefore differing heat gain and latency (water, grass, water, granite). As long as there are temperature differences between courtyards, the living, dining, and pool house become conduits for breezes that move in between the courtyards, very much like how land and sea breezes are generated. At the second storey, solid hardwood louvers that can be adjusted by hand allow the desired amount of breeze and sunlight to filter through.

Environmentally, the contiguous and interconnected space encourage the slightest breezes, whether they are prevailing and therefore air-movement is horizontal, or convectionally circulated, which the courtyards help generate. For the owner, it is the experiential serenity that unencumbered space, a gentle breeze, dappled sunlight and the hush of water rippling on a pond that is priceless in our dense and busy urbanscape.

Alpina Gstaad

设计师：伦敦 HBA
地点：瑞士

　　伦敦 HBA 团队接手了 Alpina Gstaad 酒店的室内设计项目。综合该地区全年不间断的美景、该地区悠久的历史传统，以及 Alpina Gstaad 丰富的资源，设计团队希望给人一种全新的体验，全方位的舒适、令人惊喜的细节，以及低调的豪华。

　　"人们希望在旅行中体验不同的生活，因此我们充分利用酒店周围美丽的自然资源创造唯一的、永恒的，并会与环境和人们产生共鸣的设计"。HBA 的 Nathan Hutchins 如是说。"Saanenland 地区美景应映季节，我们的设计将会围绕各个细节将此打造成为冬暖夏凉的空间。"🍃

HBA London is managing the interior design of the lobby, lounges and guestrooms at The Alpina Gstaad. Taking its cue from the spectacular year-round location, from the region's deeply held traditions and from the understated wealth of Gstaad, the design team at HBA London is creating a guest experience that will be seeped in comfort, enlivened with delightful details and utterly, but discretely, luxurious.

The starting place for HBA's inspiration was legend and history. Legend has it that God, wanting to rest during the final days of creation, laid his hand down on the last piece of untouched land and created Saanenland, the palm of His hand forming the area where Gstaad now lies. History records the adventures and discoveries of A.W. Moore who explored the Alps in the mid-19th Century and kept a journal that describes a natural world which remains unchanged today. Weaving together these two notions, HBA embarked on conceiving design schemes that harness location while offering an interior environment to suit the lifestyles of today's internationally cultured luxury hotel guest.

"People travel to experience and we are taking the beautiful natural elements that surround The Alpina to create a design which is unique, timeless and will resonate for many years to come," explains Nathan Hutchins of HBA London. "There is beauty to every season in Saanenland and we are designing a hotel which celebrates this in so many of its details and which will be cosy in winter and fresh and airy in the summer."🍃

Picasso's Sky
毕加索的天空

王开方

跨界设计师、艺术家、旅行家

西班牙艺术大师的头顶，是一片自由的蓝天。

有一种形容：巴黎像个贵妇，因为她太过华丽太过妩媚，而巴塞罗那像个大家闺秀，因为她端庄秀丽，酝酿着激情，更让你愿意带着一种期待，慢慢地去端详。所以，巴塞罗那的魅力更煽情，所以，巴塞罗那在近年几次荣登世界第一魅力城市的宝座。

两座城市同样标志着法国、西班牙这两个相邻的欧洲国家，一个以其工业革命带动了整个欧洲以至世界的发展，成为欧洲的代表；而另一个却以不同于欧洲的欧洲国家自居，成为最有创造性、最激情、最有活力的象征。

西班牙，我心中的一块圣地，不仅因为有高迪、有达利、有毕加索、有米罗，更因为在这些大师的脚下有一块浪漫的土地，头顶一片自由的天空。他们的太阳不一定是红色的，他们的面孔不一定圆，他们可以没有对称的身体笔直的建筑，但这并非只是自我和扭曲，而是符合这里的生长肌理，自由的舒张。

所以，来这里不只是为了观光，不只是在那些奇特怪异的教堂、公寓、雕塑、绘画前留个影，而是来呼吸，脱下附满尘土的衣衫，张开双臂，让每一束神经末梢展开，尽情地来一次，深呼吸。

如果毕加索诞生在中国，那么他一定会很悲惨。曾经有毕加索的作品在中国美术馆展出时，就听到观众中有这些的评论："画的什么呀，这也是大师？还没我儿子画得好呢。"的确，要是有谁儿子画成这样，在中国的幼儿园或许早就被怒斥或请来家长了。画画怎么能这么不像？这么不守规矩？无规矩如何能成方圆？规矩是社会准则，也是艺术法则。

我们是描红模子长大的一代，柳体、颜体、欧体，还有许多体，千年传承。描的越好画得越像，就越是对文化的学习和继承，才越能得高分越是好学生。像达利、米罗，一定早被扣以胡作非为、老不正经、假童真的大帽子，永无出头之日。古人还容得下八大、板桥，而近代，十多亿民众的泱泱大国，才出现过

几位真正的大师呢?

在西班牙,看大师的作品感受的是创作的自由和天分的舒展。行云流水、天马行空,无忌的童真,驰骋的想象。其实,这是一片土壤,大师只是种子,在大师身后,无数的艺术家,世世代代的人民,滋润着营养着这块土地,而且繁荣的不仅有鲜花更有茂盛的杂草,这才是生态,一个繁荣的酝酿艺术的生态。所以,逛西班牙,逛巴塞罗那,除了去美术馆博物馆,还要逛酒吧街红灯区,去看斗牛、足球、现代舞、听街头弹唱,一定要游走于小街小巷之间。在现代美术馆周边的那些街巷,是形形色色的艺术云集的地带,可以看到最生动的艺术存在和生长的状态,会有许多的奇遇和惊喜。他们不是大师,永远不是也根本不想成为大师。

但他们是活生生的西班牙人,他们很快乐很投入地热爱艺术,他们有属于自己颜色的太阳。

中国艺术家、设计师亦有着浪漫情怀和原创精神,以及健康的生活方式。从业 20 余年,我曾游历五大洲近 90 个国家。尤其 2007 年我随美国科考队登陆南极,跳入冰海度过难忘的 40 岁生日,看到的是生命力和大自然的博大智慧,对身心是一次洗礼。2008 年工作室出版《行云流水》,展示我的艺术与云游,重新认知设计与健康、工作与生活。之后我坚持每年一个斋月,两次马拉松,三次远行,人生的精彩远不止于此。

艺术是一种生命,不是形式不是作品,是一种表达是一种态度。

Slow Time
慢时光
—— 记雅顿庄园

陈学桢

北京 LAVITA 洛凡奇陈设创始人

即使它描绘的境界让你沮丧，你也应对待它的纯灼，如同仰视黑夜里的繁星。— 梭罗

毕达哥拉斯曾说过：世上有多少人，就有多少种生活方式。或许每个人都向往有一处真正属于自己的地方，它是我们心灵的故乡，精神的家园，它可能是你现在生活的地方，也可能在不知名的远方。现实中我们总是过于匆忙，似乎总要赶往哪里去，似乎永远有做不完的事。我们很少停下来，停下来听风，看云，等花开，等叶落。直到这个秋天，在

拥有 2700 亩高原丛林的 ORAMA 山顶，我终于拥有一小段属于自己的时光。

山顶庄园是栖居的所在。到达山顶经过一段漫长弯曲的山路，而山路隐匿在藤蔓丛生的原始森林里。夜色中，除了车灯，四周没有一丝光亮，只看见树木与草丛的暗影，偶尔听到麋鹿的浅叫。这个行走过程将你和山下的灯火城市远远剥离开来，周边荒芜，孤独，却又柔软而包容。内心从最初的不安逐渐沉淀到平静。

这座一个世纪前的建筑在深邃倾斜的光影中显露依稀孤独的轮廓。不对称的建筑组合与院落形成一种内在的平衡的秩序，建筑内部空间的功能依据流通的轴向规划。当背对城市，背对现实，如何表达对都市的理解，对生活及其要素的感悟，让建筑累积都市印象的片段记忆，与自然融合，形成其独有的美学系统，设计师赋予建筑现代法国和文艺复兴时期的

古典属性，雕塑与装饰纹样如同叶片脉络一般点缀在建筑表面及空间内在。

推开沉重的木门，空寂的客厅里，枝型壁灯光晕温和，白色大理石壁炉作为空间的中心，被烧过的木头存留着烟火的记忆，烛台上的火焰兀自跳着孤单的舞蹈。"桃花心木的家具在锦缎的踌躇中继续着它们永远的交谈"，角落里时钟散布着已经没有偶然也没有惊奇的时间。深色木质墙面上古典雕花映衬着斑驳的手工丝绣壁布，无处不在的古老书籍让空间成为流动的书房。那些高耸的木质天花梁柱上俯瞰的天使，那些主题统一的白色浅浮雕画像，那些巨幅挂毯上神态各异的古典人物，被时光一一记录下他们的欢乐和痛苦。没有惊叹也没有欢呼，你就被朴素地接纳，作为不可否定的现实的一部分，就像那些石头和草木。

　　清晨，阳光像顽童一般爬上墙头，美丽的三女神雕像披着霞光在南向的日光庭院里醒来，草坪和灌木也被露珠持续唤醒。渐染的丛林遮不住远处氤氲起伏的山脉，蓄水池干涸已久，素馨花和忍冬在葡萄架下蔓延丛生，羊齿植物和白雏菊成为餐桌最好的装饰。我期待找到一棵无花果树，却在楸树下被雀鸟欢快的鸣叫迷失了方向。

　　庭院东南方，是一片湖，一如梭罗书中写到的湖。在他笔下，"城市是一个几百万人一起孤独生活的地方"。而那片湖，听得见蛙声和鸟啼，看得见湖水的波纹和林中的雾霭。"再没有比这里更接近上帝和天堂。我是他的石岸，是他掠过湖心的一阵清风；在我的手心里，是他的碧水，是他的白沙，而他最深隐的泉眼，高悬在我的哲思之上。"在空闲的日子，什么也不做，有时在阳光下

的门前，在湖畔船边，在山石与林木之间。从日出到正午，甚至黄昏。看日出日落，听风雨雷鸣。与自然对话，在宁静中凝思。

　　建筑，庭院，山林，湖泊，建构出诗一般恬静悠长的韵律，以一种慢无声对抗另一种快。庭院是尘世通向天空的斜坡，湖水如同缓慢流散的光阴。今天的记忆是明天的遗忘，消逝不灭的岁月成为永恒。

　　当十字路口又向你敞开远方，在日落之前，在暮色弥漫之际，让我们坐在木头椅上，向飞鸟和玫瑰温柔地告别。

"庭院，天空之河。 庭院是斜坡 ，是天空流入屋舍的通道。 无声无息， 永恒在星辰的岔路口等待。" — 博尔赫斯 ◢

Beauty of Design and Humanity

设计与人文之美

——西法设计发现之旅

刘锐

大连非常饰界设计装饰工程
有限公司执行董事

邂逅创意之魅

当越来越多设计师将笔墨功力投入到酒店设计中，也就促使了越来越多的旅人以艺术的眼光去欣赏酒店。

马德里 Silken Puerta Ame rica 酒店每层楼都由不同的国际建筑师设计，其中不乏像诺曼·福斯、让·努维尔、扎哈·哈迪德等世界著名的建筑大师。如我所在的楼层，不锈钢切割组合成尖锐且不规则的棱角，镜面的反射配合灯光，仿若进入了冷峻的未知世界。设计师采用未来主义表现手法将整个房间也打造成极具工业感与破坏感的概念空间。设计型酒店在有限空间内融合了设计师对建筑与装饰、人与酒店关系的理解，其外延早已无限扩大。

很多国内设计师体验过这栋或类似国际建筑大师设计的建筑，先锋创意设计的魅力毋庸置疑，适用性和感受收获则因每个人的视野、思想、生活习惯的不同而大为不同了。

设计的承载

住在设计型酒店是我对世界级设计师创作的感性体验，那么拜访全球知名设计公司则是一次彻底的理性学习。

作为西班牙国宝级的设计公司，EMBT的设计风格以融合先锋派观念和秉持对传统的尊重而闻名于业界。风格的形成不是后天的标榜，而是一种传承的思维和习惯，随时间的推移融入设计之中。在这栋老建筑内，依然保留了上世纪的马厩、拱廊、绘画棚顶；事务所的创始人早已故去，但员工依旧沿袭着旧时贴图式的设计方法；而从创始到现在，每个项目的设计图纸、建筑模型也都被一件件地建档归类。当设计师开始着手一处空间，会首先考虑这一地域的气候、历史、人文、植物种类——这些看似无关紧要的事物，却成为设计师手中的横纵坐标，构造起经久不衰的建筑杰作。

法国 AS 建筑工作室是由十二位建筑师合伙创立的设计公司，隐匿在巴黎临街的楼群中。看似简单的空间结构下，工作室实则暗藏玄机：采光井增加了照明与热量，蓄水池的水循环功能，每一处都体现着设计师对基础能源的设计与利用。虽然终极目的也是环保与节能，但设计的姿态与角度已大有不同。此时设计所承载的是人与社会的基本需求，空间结构也不再是抽象的概念，而是直接与光、尺度以及社会文化等方面的某种关系。这种人文的设计理念对于我们起到了良好的引导作用。

沿途采颉

有人说旅行的意义不在目的地，而是在路上。此次不仅和当代设计大师进行了一次亲密接触，那些沿途经过的百年建筑、宁静的乡村古镇，同样让同行的每一位设计师汲取艺术的养分。

20世纪初，巴塞罗那街头的四只猫餐厅聚集了一些新派的文人雅士，他们时常喝着咖啡，探讨艺术的意义。在嘈杂的气氛中，竟涌现出毕加索、达利、高迪等世界级艺术家。早年并无名气的毕加索尤爱混迹于此，并在此举办了他的首次个展。无独有偶，在法国南部小城阿尔勒也有一间结缘于艺术家梵高的咖啡店。梵高生前爱在此留恋消遣，名画《夜晚露天咖啡座》、《星空》都在这里诞生。夜晚在此小憩，伴着咖啡的香气，欣赏阿尔勒城的星空，体会梵高笔下那份橘黄色的温柔，此时生活便是艺术。

田园与人性的本质和态度的关系更为密切，在此基础上融于自然，才是最真实的。

Fabrizio De Leva 法布里奥·德·莱瓦
FDL Architects 工作室（北京）创始人

经济的发展我们盲目的失去了田园，如今人们逐步的清醒了，重新追求心中的田园，这是我们的梦。只要有所追求，梦想是可以成真的。

梅文鼎 中国工艺美术大师

田园诗境

余静赣 中国田园设计师 / 星艺集团创始人

Pastora Design in China makes local designers aware of the value of design.
《田园设计在中国》让本地的设计师意识到设计的价值。

洪约瑟 洪约瑟设计事务所创始人

我们欣赏和追求不同的美，追寻更加美好的生活"田园"生活有着春暖花开，宽阔的视野，而让我们心身回归，自然、放松！

黄志达 香港黄志达设计师有限公司 创始人

大自然是孕育万物的母腹 回归田园是从混乱中回到安静和纯粹 我喜欢田园的质朴生活

李奇恩 香港尚策设计顾问有限公司 创始人

珍惜时间 热爱生活 夯实过好每一天则是当代的田园生活

温少安 佛山市温少安建筑装饰设计有限公司 创始人

适合，适志，理想的田园生活。

琚宾 HSD 深圳市水平线室内设计有限公司首席创意执行总监

田园风格的清新韵味，让我们回归了自然与简朴的生活氛围，除去浮夸与奢华，获取一种心灵的平静。

王俊钦 睿智汇设计公司掌门人

祝田园设计在中国 让我大饱眼福

利旭恒 古鲁奇建筑咨询（北京）有限公司 设计总监

回归自然的田园，追溯乡野情趣，以粗旷的纹理及材质，展现细腻的手法与风格，在钢筋混凝土的包围中创造自然、简朴、高雅的氛围。

史迪威 上海元柏建筑设计事务所负责人

期盼中式田园设计 引领世界休闲趋势

任萃 台湾十分之一设计事业有限公司设计总监

设计寻找人与自然的平衡点，人与自然的对话，设计之漫步于自然。

施旭东 唐玛（上海）国际设计有限公司合伙人／
旭日东升设计顾问机构 创始人

东篱采菊，南山悠然 创造东方田园品质生活

陈志斌 鸿扬集团／陈志斌设计事务所 创始人

采菊东篱下，悠然见南山。田园生活内源于心，外源于设计！

高志强 北京筑邦建筑装饰工程有限公司／高志强工作室 创始人

田园城镇是复兴中国的动力。

贾倍思 香港大学建筑系 副教授、
鲍姆施拉格·埃伯勒建筑设计（BE）香港有限公司主任董事

隐逸于市，自乐于心，恬淡疏朴，澄旷寂悦

钟振英 CBBC 设计顾问有限公司／音乐基地俱乐部 创始人

天人合一是中国人追求的理想生活模式，而田园生活是实现这个理想的唯一途径，希望田园设计能对中国人回归田园的生活起到示范和引领作用。

王小根 北京根尚国际空间设计有限公司 创始人

做有"生命"的设计，用艺术改变生活，用生活提升艺术！恭贺《田园设计在中国》一书成功发行，让我们可以更为深入的去探寻生活与艺术的真谛！

崔志军 北京宜和艺品有限公司设计总监

田园生活如果没有文化打底的话，只能称之为生存，而不是生活

张蕾、康立军 自由设计师，美克美家设计学院特邀讲师

田园生活是如今拥挤在都市中的人们对"天际线"的向往——美好却遥远，而这本应是触手可及的幸福。田园设计绝不限于讨好视觉的风格符号，而是可以带给人们感动，融入了时间、空间体验的生活方式。

冯劢 中央美术学院城市设计学院家居产品设计系 导师

好的软装设计就是营造一个爱自己的空间，创造一个可以放飞心情的港湾就是我们要做的！

朱芳 罗莱家纺商业空间 设计总监

简单、恬静、悠闲是我们心中理想的田园生活。

罗灵杰和龙慧祺 香港壹正企划有限公司创始人

年青浮躁的生活终会回归田园，大自然融入我们身、心、灵的设计让人留恋，祝《田园设计在中国》感动每一个人！

吕雯卿：击掌国际首席设计师／艾比设计有限公司创始人

花窗与石板，亦或花砖与柱廊 田园设计， 经是让心回归自然

赵博 Design TRAN 建筑设计咨询有限公司 运营总监

田园设计运用亲近自然的色彩和材料营造家居生活的另一种奢华。

郑永军 艺狮国际家居总经理

当下过度燃烧的欲望无处不在，也带来了集体性的焦虑与虚空，对田园生活方式的再次倡导与执着追寻不失为一剂有效的解药和镇定剂。田园生活方式意味着以自然为母体，以自然为师，它关乎着人对自我的清醒认识与安宁坚守；也表现着人与世界恰如其分的距离与尊敬。田园设计的意义也在于此，它不是潮流，因此也不会过时；快乐、感动、趣味、慰藉与源源不断的力量滋生是它的核心，它永恒诉求的是人、自然与社会之间的美妙和谐。因为，每个人的心里永远都会有这样一块田园。

张宏毅 广州国际设计周 执行总监

田园，她是当下人们向往的一种生活方式与格调，她是出于人心灵的呼唤，所以我们在做产品设计与研发的过程中，一定要使每款产品在空间的表现力凸显消费主张，这种主张是在惬意、自然、尊贵的感受中让其心理回归，这就是常说的田园设计，说到底就是把握心灵精神的设计。

柯英志 芒果瓷砖 首席产品设计师

今天现代化的中国对舒适和奢华习惯的需求日益增加，已经成为生活的一部分。我们身为设计师，不仅提供设计方案，更须敏于环境和田园设计理念。此书正是符合了设计界和美术界的需求。

一个好的设计人才必须多研究和了解田园设计。中国的宋朝、清朝文化全胜时期，对田园设计都非常重视。马来西亚的娘惹文化也很重视田园设计。在此希望本书能让设计方面有全新定位，能发扬光大和广泛传播田园设计的精神到全中国。

庄朱薇　马来西亚室内设计协会前主席

设计回归　自然生活

刘原　中国建筑装饰协会副秘书长、
中国建筑装饰协会设计委员会秘书长

观春夏秋冬田园之中　品东西南北设计之外

王海涛　中国室内装饰协会、陈设艺术专业委员会副秘书长

Living in the land,
my dream wanting a gift for my family.

田园生活，我的梦想，我的渴望，我给家人的礼物。

柳战辉　《FRAME》出版人

田园风来家生魅，设计艺成心如饴。

吴厚斌　《北京商报》主编

城市变得更摩登更强大的意义，在于人的生活是均衡而有心灵支撑的。喜欢千山万水只为相见一面，喜欢鸿雁往来耐心等待，喜欢春夜无事庭院闲坐，喜欢盖一座亭只为观望盛开的花。

戴蓓　搜狐家居　全国总编

从欧美到日韩，大众已迫不及待的期待享受中式田园了。

蒋璐　搜房网　国际设计师频道运营总监

探寻自然与生活的文脉，将设计的价值转化为人们可感知的幸福。

马海金　美国室内设计中文网　主编

自然，让我们更好地生活着。

燃燃　五只猫全球设计新闻网　主编

田园风格总能让我不自觉地愿意多留在家中，心灵也变的恬适起来。

田恩平　《瑞丽家居设计》广告总监

田园设计，表现在亲近自然、环保质朴、舒适休闲，是一种低调的生活态度，适合崇尚返璞归真，喜欢清新优雅的年轻精英一族。

王欢　《商界》营销中心副总经理

"赢在蓝天碧水间" 畅享田园设计

蔡明 科宝·博洛尼 董事长

田园生活是一种生活意境，他能让人抛却在喧嚣都市中的那种纷扰繁杂，回归属于自己悠然之心的那份心境。而田园设计就是要能衬托出这种心境，让人沉浸其中。田园设计，源于自然，力求为人们创造出田园心境的生活方式！

李建 《河南商报》

回归田园 渴望无限

刘孝颜 长春电视台《居家新主张》主编

亲近自然，热爱生活 追求朴实，向往田园

刘天 江西电视台《家有豪宅》制片人

田园是种风格，田园是种智慧，田园是种心态，田园是种健康生活方式。田园是你我心灵的伊甸园，让身心与自然交融，得到休憩、宁静。

钱仲春 江苏电视台《社会人物》编导

将设计融入生活、生命、生态，实现人与自然和谐共生。

宋昕 中国室内装饰协会 主任

回归自然，健康生活，多彩人生，田园设计为中国尚品生活绘上灿烂的一笔。

于西蔓 西蔓色彩创始人／中国色彩第一人

创享家居之美，诸多辛苦，回到家中偏安一隅，享受一种闲适的生活状态！

胡利杰 红星美凯龙集团 招商管理中心总经理

田园生活纷繁多样，田园设计并不是简单的模仿田园，而是能让人们在都市的喧嚣中真正找到属于自己的那一份恬静、舒适的自然。

刘葆 居然之家 北京十里河店总经理

芒果在国内外大中城市历经上百余场的田园设计交流，通过设计思想的碰撞感受到田园生活方式是当下内心精神的渴求，而这恰与芒果品牌倡导的田园文化基因是无隙的匹配，因此这也折射出田园文化早就根植于国人内心世界，只是无法用有力的言语表达，所以芒果要在这种田园文化基因上建立你心中的田园，作为当下信仰来传递每个人内心的追求。

陶举鹏 芒果瓷砖 中国区董事运营总经理

陋室两间，芳草满园，月半明时，萤火缱绻。

谢杰棠 影视导演

做灵魂设计，赞牧歌田园

廖玮 《TOP 装潢世界》媒介总监

田园深处可好
Into the Depth of Field

唐 豫
艺术家

我自幼是一个自闭的孩子，长期接受传统的儒学家教。学习和工作曾是我世界的全部，直到亲人相继离开，我感受到了生命的脆弱。这种撕心裂肺的伤痛，把我从自我的境界中拉了出来。我想拥抱世界，我悲天悯人，我画和平鸽，但现实却使我伤痕累累⋯⋯

时光走过，树影婆娑间，我恍然驻足。看到那最美的风景，不是命运的波澜起伏、不是生活的轰轰烈烈，而是在心中修篱种菊的平静。荷风送香气，竹露滴清响，停下来，闻细雨的味道，听花开的声音，方可悠然见南山。

有幸接触《田园设计在中国》这本书，阅之欣然。在其中驻足片刻，或许受益一生。作为一本充满人文气质的集子，这本书以设计师的田园情节，和对田园精神的独到见解为内容，传播了田园设计理念，立意新颖，视角独特。它带来众多设计上的前沿思潮，也怀有至深的人文情怀。

翻动书页，馨香文字，不时在心头低语：远离车马喧嚣，田园深处可好？

适时，清晨待天边微粉，伴着虫鸣，看梨花带雨香入泥。榕树下、矮篱旁，约三五好友，多云时饮酒聊天，艳阳时品茗望远。选一块丰厚泥土，用心撒下种子，松土浇水、除虫观芽，用心等待、分享丰收。

生活本就是一门最博大精深的艺术，设计更是艺术用于生活的最好体现，因为设计能帮助我们在生活中实现更美好的视觉，带来更多便捷与便利。中西文化在设计中的体验与应用，让人更多了解到亲近田园生活的途径，感受其中的文化，体会其中的快乐。🔳

张丽宝
《漂亮家居》总编辑

在都市过田园生活
Pastoral Life in City

即便不是生活在乡村，一样可以享受田园生活。

父母都是道地的台北人，我读书、工作也都在台北，即便是回外婆家也不过 15 分钟车程。台北一直是台湾最大的都会城市，从一出生就是在都市丛林里，周遭都是高楼大厦，走出屋外也是车水马龙，所以小时候特别羡慕那些老家在乡下的同学、邻居，尤其是每当寒暑假结束，听他们讲述着在乡下烤地瓜、钓鱼虾、捉蟋蟀等有趣的事，总是忍不住埋怨爸妈为何要住在都市里，让我无法享受自然生活。

随着年纪渐长，对于自然田园生活的渴望与日益增，尤其从事的工作又是高度竞争的媒体工作，因此更是希望能拥有一方田园乐土，让自己能放慢脚步过日子。几年前父母退休，怕爸妈退休在家无聊闲闲没事做闷出病来，姑姑就把自家位在市郊的祖地划了一块给爸妈种菜养鸡鸭，而我假日也跟着务农，就这样原本是都市原住民的我们，开始过起了都市田园生活，吃的是爸妈种的无毒蔬菜，还有完全不打药的鸡鸭所生的蛋，然后拿着这些自耕的农作与亲友分享，再换回亲友们自家卖的鱼、虾，还有他们家种的水果，过着农家以物易物的生活，这结果让家里的冰箱永远是满的。

劳动的生活及无毒的食物不只让身体变得健康，更让心灵得到满足，在这高速竞争压力的环境下，身心的负面能量有了出口，生活变得更平静及喜悦，这些都是田园生活所带来的。

现代人对于田园生活的渴望反映在居家风格，近年来，台湾的居家流行起田园风格的设计，舍弃贴皮、塑胶等过于工业感的材质，选择用马赛克、木地板、壁布、原木、复古砖等质朴的材质来营造一个让人减压放松的家。虽然改变的只是家的形式但却可以让人得到舒缓。其实在都市里完全可以过着田园生活，关键再于自己愿不愿意去追寻，如果有心，也可以像我一样当个都市"归隐"人喔！

本书编委会

总 策 划：陶举鹏
主　　编：廖　玮
执行主编：王海涛
副 主 编：刘　莹　郑寿生　　王　惠
编　　者：蓝　山　牙　丁　项菲菲　宋　瑞　田清华

图书在版编目（CIP）数据

田园设计在中国 / 廖玮主编 . -- 沈阳 : 辽宁科学
技术出版社，2013.12
　　ISBN 978-7-5381-8405-1

　　Ⅰ . ①田… Ⅱ . ①廖… Ⅲ . ①田园－园林设计－中国
Ⅳ . ① TU986.2

　　中国版本图书馆 CIP 数据核字（2013）第 286068 号

出版发行：辽宁科学技术出版社
　　　　　（地址：沈阳市和平区十一纬路 29 号　邮编：110003）
印 刷 者：广州市快美印务有限公司
经 销 者：各地新华书店
幅面尺寸：230mm×300mm
插　　页：4
印　　张：14
字　　数：230 千字
出版时间：2013 年 12 月第 1 版
印刷时间：2013 年 12 月第 1 次印刷
特约编辑：银鹤喜　　谭佩霞　　Mia Zhang
责任编辑：郭　健　　曹　阳　　高雪坤
封面设计：Ctherine Zhao
版式设计：Ctherine Zhao
责任校对：魏春爱

书　　号：ISBN 978-7-5381-8405-1
定　　价：268.00 元

联系电话：024-23284536, 13898842023
邮购热线：024-23284502
E-mail：1013614022@qq.com
http://www.lnkj.com.cn

鸣　　谢：芒果瓷砖
特别鸣谢：芒果文化传播机构
　　　　　中国设计明星俱乐部
网　　址：www.mgbm.net
　　　　　www.designcn.com.cn

CLASS BOOK

Take your passion and make it come true.

CLASS BOOK

那些年

Wish all the best wishes for you
and always be there for you